ESG 竞争力

责扬天下管理顾问　　中投咨询有限公司　编著

企业管理出版社
ENTERPRISE MANAGEMENT PUBLISHING HOUSE

图书在版编目（CIP）数据

ESG 竞争力 / 责扬天下管理顾问，中投咨询有限公司编著 . —北京：企业管理出版社，2022.8

ISBN 978-7-5164-2544-2

Ⅰ . ① E··· Ⅱ . ①责··· ②中··· Ⅲ . ①企业环境管理—竞争力—研究—中国 Ⅳ . ① X322.2

中国版本图书馆 CIP 数据核字（2021）第 262606 号

书　　名：ESG 竞争力

书　　号：ISBN 978-7-5164-2544-2

作　　者：责扬天下管理顾问　　中投咨询有限公司

责任编辑：尤　颖　　田　天

出版发行：企业管理出版社

经　　销：新华书店

地　　址：北京市海淀区紫竹院南路 17 号　　　邮　　编：100048

网　　址：http://www.emph.cn　　　　　　电子信箱：emph001@163.com

电　　话：编辑部（010）68701638　　　　发行部（010）68701816

印　　刷：北京虎彩文化传播有限公司

版　　次：2022 年 8 月第 1 版

印　　次：2023 年 9 月第 3 次印刷

开　　本：710mm×1000mm　1/16

印　　张：18.75 印张

字　　数：278 千字

定　　价：68.00 元

编委会

主　任：殷格非　韩　松

委　员：李友军　任明春　王立群　陈伟征　管竹笋

主　编：殷格非　代奕波

副主编：司亚明　陈　望

今天，任何一个组织的竞争力都不再仅仅局限于财务因素。来自环境、社会、公司治理（以下简称 ESG）方面的非财务因素正在发挥作用，有时甚至是决定性作用。正是由于 ESG 对于商业波动有着日渐增强的影响力，企业需要在战略制定、投融资、研发设计、物流采购等运营管理环节中整合 ESG 议题，识别潜在风险，获得更长远的发展。ESG 竞争力关乎企业穿越经济周期，在更大的时间跨度下锻造出可持续发展能力，而这种可持续发展能力必然与人类的可持续发展紧密相关。

在商业情境下，人们更加关注 ESG 竞争力与企业价值的关系。然而现状是，ESG 尚未完全计入企业价值，却又影响企业价值。当企业所造成的环境、社会问题外部化到自然环境或社区中，这种外部化的成本并不是完全由企业承担。因此，越来越多的政策法规、标准指南纷纷出台，督促企业将环境和社会成本在损益表中体现，这种情况下投资者就会面临更大的投资风险。近年来的 ESG 风险事件，如石油泄漏、产品安全等环境和社会负面影响事件，无一例外的给投资者带来严重损失。越来越多的企业依赖于国际贸易，其复杂的供应链更是遍布全球，没有企业能够在全球性的气候变化、水资源短缺等挑战中独善其身。ESG 竞争力的提出，虽然不是解决所有挑战的灵丹妙药，但的确可以帮助企业更为主动地去重新理解外部竞争环境，更为真实全面地找准竞争定位。

ESG 竞争力的构筑是一个非标准化的答案，因此我们尝试通过本书与读者共同去理解，什么样的 ESG 因素会以何种方式影响一个组织，特别是一个企业的竞争力，这些因素因何而起，又是谁掌握着这些因素的话语权。

本书前五章力求勾勒出 ESG 生态系统中的关键利益相关方，即监管机构、证券交易所、社会组织、第三方评级机构及投资者，并对 ESG 的主流态度、主要行动和主要影响等方面进行介绍。第一章关注政策法规对 ESG 发展的决定性影响，重点分析近期陆续出台的欧洲相关政策法规，以及中国政策法规中的 ESG 内容。第二章聚焦证券交易所，展示其参与 ESG 的主要方式和成效。第三章从已被广泛接受的可持续发展相关标准指南出发，探寻其与 ESG 之间的关联性。第四章比较分析多个主流 ESG 评级方法，展示不同 ESG 评级结果背后的逻辑与聚焦点。第五章从资本市场视角出发，分析 ESG 对投融资行为的影响。第六章和第七章从 ESG 视角解读"气候变化"和"生物多样性"这两个新兴 ESG 议题。第八、九、十章对企业开展 ESG 管理提供方法和工具的建议与参考，特别是 ESG 在公司治理中的体现，以及所有上市公司面临的 ESG 信息披露等相关事项。

本书是责扬天下（北京）管理顾问有限公司（以下简称责扬天下）与中投咨询有限公司（以下简称中投咨询）合作开展 ESG 研究和咨询的成果之一。责扬天下从 2003 年就开始致力于可持续发展方向的研究，提出"责任竞争力"概念，主张企业可以用自身专业优势去解决经济、社会和环境等可持续发展问题，在发挥其核心社会功能、履行社会责任的同时，使企业经济效益得到同步提升。中投咨询作为国家开发投资集团旗下的综合性专业咨询机构，积极倡导 ESG 投资理念与企业投资运营的深度融合，在服务国家开发投资集团的同时，也将经过实践检验的 ESG 投资理念和管理体系输出给更多国有投资公司，帮助其提升 ESG 管理水平，把 ESG 融入"募投管退"全周期，推动增强 ESG 竞争力。

ESG 的发展变化仍在持续，受时间和能力所限，本书对 ESG 的解读或许还不够深入全面，唯愿读者能够理解和认同 ESG 竞争力的思维和行动模式，希望我们的工作能帮助更多组织，特别是企业，在更长的时间轴上获取更多成长和胜出的机会。

责扬天下管理顾问　中投咨询有限公司

2022 年 6 月

目录

第一章　ESG 政策的约束力 ·· **001**

欧洲核心 ESG 政策总览 ·· 003

中国 ESG 政策生态 ·· 027

第二章　证券交易所的 ESG 参与 ······························· **035**

ESG 视角下的全球性证券交易所行动 ···················· 037

中国证券交易所 ESG 参与画像 ······························· 046

第三章　ESG 与其他标准指南的关系图谱 ··············· **053**

GRI 的 ESG 影响力 ·· 055

瞄准可持续发展目标的 ESG ··································· 068

SASB——关注对企业财务有重大影响的 ESG 风险 ······· 074

可持续金融标准：解锁金融机构 ESG 行动"密码"········· 082

第四章　ESG 评级的底层逻辑 ······························· **089**

标准普尔道琼斯——衡量企业可持续价值 ··············· 091

MSCI——解读企业风险与机遇 ······························· 098

恒生——评级体系中的 ISO 26000 影响 ················· 105

富时罗素——聚焦 ESG 数据的投资价值 ················· 115

Sustainalytics——挖掘 ESG 风险管理的价值 ············· 119

ESG 与市值管理——更高、更强、更稳健 ················· 125

第五章 ESG 与投融资 ······················· **131**

港交所 IPO 的 ESG 要素 ·························· 133

科创板 IPO 的 ESG 行动策略 ······················ 140

可持续发展挂钩债券：ESG 融资军令状 ················· 149

国有投资公司的 ESG 选择 ························· 158

海外投资的 ESG 考量 ···························· 167

第六章 ESG 视角下的气候变化 ·············· **175**

TCFD——气候风险的显影剂 ······················ 177

企业气候风险管理的定量评估工具 ··················· 187

第七章 ESG 视角下的生物多样性 ··········· **195**

ESG 中的生物多样性 ···························· 197

面向自然的投资 ······························· 208

第八章 公司治理的 ESG 属性 ················ **215**

ESG 治理架构的选择 ···························· 217

董事会多元化背后的隐性价值 ······················ 225

透视企业对待 ESG 的态度与决心 ··················· 233

党建引领，不可忽视的 ESG 治理推动力 ··············· 239

第九章 ESG 管理技巧 ································· **245**

ESG 指标，快速推动 ESG 管理落地的突破口 ············· 247

ESG 风险管理蓝图 ································· 254

第十章 ESG 信息披露 ···························· **265**

超越 ESG 报告的 ESG 信息披露 ················· 267

厘定 ESG 信息边界 ····························· 273

实现高质量编制 ESG 报告的关键点 ············· 280

参考文献 ································· **287**

第一章

CHAPTER1

ESG 政策的约束力

欧洲核心 ESG 政策总览

一直以来，欧洲在全球可持续发展中都扮演领导者的角色。近年来，为了继续深化和推动欧洲可持续发展，缩小与《巴黎协定》等可持续发展目标的差距，欧洲在气候变化、绿色金融、供应链人权等 ESG 议题上设定了较高的目标，并且正在或已经出台了一系列的政策和法令明确实现路径，这些政策的出台直接促进欧盟成员 ESG 的迅速发展，为其他国家和地区带来了间接的影响，提供了政策借鉴。

❖《欧盟可持续金融分类法》加强可持续经济识别与分类

近年来，欧盟在应对气候变化和减碳行动上取得了巨大的进步，在《欧洲绿色协议》（*European Green Deal*）中，承诺到 2050 年达到碳中和。为了支持这一雄心勃勃的目标，加速促进欧盟经济转型，欧盟已经或正在着手发布一系列同样雄心勃勃的政策，《欧洲气候法》（*European Climate Law*）及《欧盟可持续分类法》（*EU Sustainable Finance Taxonomy*，以下简称《分类法》）等开启了欧洲的 ESG 政策快速发展期，并且引领世界的发展 ①。

从 2020 年 3 月开始《欧盟可持续金融分类法》正式实施。《分类法》为欧洲建立了可持续经济活动清单，是扩大可持续投资和实施《欧洲绿色协议》② 和《欧洲气候法》的基础依据和重要推动力，也为仍在草拟阶段的《欧盟绿色债券标准》（*European Green Bond Standard*）及《欧盟生态标签》（*EU Ecolabel*）提供了依据，有助于缩小《巴黎协定》等国际可持续发展目标与

---

① 来源于 Regulation Asia 网站的文章 *A New Zero Tolerance Era for ESG Reporting*。
② 来源于欧盟委员会 *Delivering the European Green Deal*。

投资实践的差距，提升信息透明度，防止金融"洗绿"①。这一系列的政策不仅让欧盟在可持续政策和法律规定上处于国际领先地位，直接促进其成员的发展，也间接为其他国家和地区提供了经验借鉴。

分类法的内涵和适用范围

可持续经济活动的定义

《分类法》对"绿色"概念做出了基本定义，它描述了什么可以被认为是"绿色"的，什么不能，从而通过定义筛选、确定对环境可持续的活动清单。在它的定义下，可持续的经济活动必须要满足以下三个标准：一是为《分类法》中列出的六大环境目标（见图 1-1）中的至少一个做出"实质性贡献"（Substantial Contribution），如减缓气候变化，适应气候变化，保护水资源和海洋资源，向循环经济过渡，防治污染，保护和恢复生物多样性及生态系统。二是对除已实现"实质性贡献"的某一目标以外的任何其他五个环境目标"不造成重大损害"（"Do No Significant Harm"）。三是遵守"最低保障措施"，即符合一系列国际基本人权和劳工的标准，包含但不仅限于 1976 年经济合作与发展组织制定《跨国公司行为准则》（*Guidelines for Multinational Enterprises*）、《联合国工商企业与人权指导原则》（*UN Guiding Principles on*

图 1-1 《分类法》六大环境目标

---

① 来源于 Eur-lex 网站。

Business and Human Rights）、国际劳工组织（ILO）的工作基本权利和原则、八项 ILO 核心公约及《国际人权法》（*International Bill of Human Rights*）的宣言。

《分类法》明确了三种有助于实现上述环境目标的经济活动。第一是对环境具有重大贡献的经济活动，如可再生能源，因为它具有巨大的潜力替代传统能源，将改变当前对环境产生很大不利影响的活动。第二是赋能活动，即通过产品或服务间接促使其他活动，以此对环境做出重大贡献的活动，如可再生能源技术相关的制造业，在建筑物中安装节能设备。第三是过渡活动，即那些尚未有可替代的低碳产品的活动，但是其温室气体排放水平是该部门或行业的最佳表现，如一流的水泥制造商。

分类法的实施路径和适用范围

在《分类法》之下，欧盟已经或即将出台多项授权法案为每个环境目标确定技术筛选标准（Technical Screening Criteria，TSC），从而明确环境可持续活动的实际清单。TSC 对包括 67 项有助于可持续发展的绿色经济活动设置绩效阈值，以确定一项经济活动是否满足《分类法》三大标准的前两项（a. 对六大环境目标中的至少一个做出实质性贡献；b. 对除实质性贡献目标以外的任何其他五个环境目标不造成重大损害），绩效阈值设定纳入了《欧洲绿色协议》框架下的减缓气候变化目标，即到 2030 年实现 55% 的减排，到 2050 年实现净零排放，使得《分类法》与《欧洲绿色协议》等承诺保持一致。

2021 年 12 月 9 日，关于气候变化减缓和适应目标的可持续活动的第一次授权法案在官方公报上发布。授权法案自 2022 年 1 月 1 日起生效。2022 年 2 月 2 日，欧盟委员会又批准了一项补充气候授权法案，提出在严格条件下，将特定的核能和天然气活动纳入《分类法》涵盖的可持续经济活动清单中。

《分类法》规定的适用范围包括以下三个主体：一是在欧盟提供金融产品的市场参与者（包括职业养老金提供者）。二是被要求提供非财务报告的大型公司及其他事业。三是欧盟和其成员，当它们在制定政策和措施的时候需要以《分类法》为基础，以及当它们要采取措施为欧盟和其成员的金融产品制定可持续、ESG、绿色声明的标签时需要考虑使用《分类法》。

《分类法》如何促进负责任投资

为投资者提供识别工具

《分类法》通过定义、筛选标准来确定环境可持续活动的清单，既是一个经济活动的分类工具，为公司、资本市场和决策者提供清晰的依据以判断哪些经济活动是可持续的，又是一种筛选工具，引导资金流向真正对可持续发展有贡献的经济活动中。[①]《分类法》对绿色金融项目的评估提供了清晰明确的披露流程，欧盟全体投资者与发行商均有披露义务，这将对投资者和机构起到指导性作用，为融资机构与被投资项目提供标准化的信息参考途径与流程，改变以往两者之间的双向不透明状态，提高投资者识别绿色产业项目的可靠性，提升投资者的信心，有效降低绿色资金的交易和管理成本。

《分类法》与负责任投资的关系

联合国支持的"负责任投资原则"组织（Principles for Responsible Investment，PRI）是全球负责任投资的主要倡导者，致力于创建一个全球可持续的金融体系，帮助投资者做出符合《巴黎协定》所要求的 2030 年和 2050 年目标的长期投资决策，其六大原则与《分类法》有直接的联系。

欧盟《分类法》为负责任投资提供了一种实用工具，同时，PRI 也在欧盟《分类法》的发展中发挥了重要作用，帮助制定了分类标准法规和技术筛选标准 TSC 的路线。PRI 还牵头组建了来自欧盟和非欧盟的实践小组，进行分类工具使用的案例分享[②]，包括贝莱德（BlackRock）、东方汇理（Amundi）等大型资产管理机构对它们选定的投资产品与欧盟《分类法》的一致性进行测试，并且形成了 40 个测试结果。

某机构的测试结果如图 1-2 所示，《分类法》为它们识别和比较不同投资产品和投资组合对环境目标的贡献程度提供了可能性。总体而言，主要金融机构进行的初步一致性测试表明，即使是以可持续性为重点的投资产品与

①　来源于欧盟委员会文章 *EU Taxonomy for Sustainable Activities*。
②　来源于联合国责任投资原则组织网站文章 *Eu Taxonomy Alignment Case Studies*。

分类学也呈现较低的一致性,这说明《分类法》为可持续投资设定了一个较高的环境标准。虽然资产管理者可能无法使每种投资产品都与《分类法》保持完全一致,这具有很高的挑战性,但是《分类法》至少设定了一个最低要求,即满足对环境目标"无重大损害",这为负责任投资提供了一个最低保障。

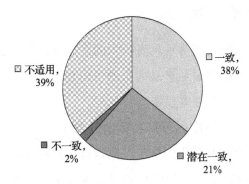

图 1-2 某机构投资产品与《分类法》一致性测试 [①]

《分类法》对企业的影响

从企业角度出发,《分类法》为它们提供了战略方向和管理措施的基础工具,以此吸引那些寻找符合《分类法》要求投资项目的投资者的青睐。在战略方面,企业可以根据《分类法》定义和筛选标准进行战略布局,制定企业转型计划,将资金投入可持续和环境友好的项目,从适应气候和减缓气候变化的角度出发,开发可靠的绿色产品和服务,从而吸引更多投资者的青睐。在具体管理方面,《分类法》为企业设置目标绩效提供了基准和参考,企业可以使用《分类法》TSC 规定的阈值和绩效去审视和调整企业已有的目标和管理绩效,从而将企业可持续发展战略目标和转型计划融入日常管理中,以更好地满足目标绩效的要求。

《分类法》的新规对企业来讲,既是风险也是机遇。从风险的角度分析,《分类法》为企业提供了一个自查清单,让企业规避不符合《分类法》的经

---

① 来源于普华永道 *Taxonomy and Sustainable Finance*。

济活动。从机遇的角度分析，《分类法》引导企业识别可持续经济活动机遇，将资本投入到可持续的经济活动中，开发绿色产品和服务，然后用环保贴标的方式销售环境可持续产品，方便机构投资者和公众对不同产品进行比较，更快速地识别出绿色环保产品，企业因此可以提升产品的可信度和竞争力。

《分类法》的影响与启示

虽然《分类法》的实施落地具有较大的挑战性，但它也可能很快增加可持续投资的势头，为提供绿色产品的金融机构创造更大的机会，并且使发展绿色商业模式的公司吸引更多投资。

作为全球首个官方性质的可持续活动分类法，《分类法》为各个国家和地区，以及国际性的金融合作经济组织制定可持续经济活动分类提供了参考依据。例如，2019 年 10 月，国际可持续金融平台宣布成立了一个由欧盟、中国和其他成员共同领导的工作组，从而建立一个"共同的基础分类法"，以确定不同成员的分类法之间的共性，提高成员辖区内的绿色经济活动透明度，寻求支持扩大跨境绿色投资的规模[①]。

《分类法》对中国企业也将产生一定的影响，如中国在欧洲融资、运营或上市的跨国公司都需要遵照《分类法》。为了更好地满足合规要求，吸引更多的投资者，在欧洲开展业务的中国企业就其自身经济活动的潜在预期和影响与欧洲利益相关方进行对话。《分类法》对于制定适用于中国的可持续经济活动分类方案也提供了一定借鉴，以此进一步促进绿色经济、金融的发展，并且在国际合作中扮演更重要的角色，吸引更多国际投资者的青睐。

⁂ 欧盟《可持续金融信息披露条例》（SFDR）加强欧洲可持续金融信息披露

作为欧盟可持续发展政策议程中的一个关键政策，从 2021 年 3 月 10 日

---

① 来源于文章 *International Platform Sustainable Finance Annual Report 2020*。

起，欧盟《可持续金融信息披露条例》(*Sustainable Finance Disclosure Regulation*，SFDR) 开始分阶段实施。这一规定取代了欧盟范围内的多项不同规则，针对欧盟所有金融市场参与者，要求其披露 ESG 信息，这标志着欧盟金融服务部门开始了可持续发展的重要转型。

政策背景：ESG 投资缺乏充足的信息和监管

根据欧洲央行的数据，自 2015 年以来，获得 ESG 授权的基金规模增长了 170%[①]。受新冠肺炎疫情影响，投资者对可持续金融产品的需求增加。就业绩而言，欧洲的 ESG 基金和非 ESG 基金（如煤炭和采矿等传统投资领域）在疫情开始之前的收益水平接近，但疫情突袭而至之后，ESG 基金的表现更为出色。剑桥大学可持续发展领导力研究所研究员、欧盟委员会关于 SFDR 的高级专家组成员保罗·费舍尔（Paul Fisher）博士表示，绿色资产的市场需求巨大，但供应不足，一切最终都必须走向绿色。

随着 ESG 基金的数量和需求上升，金融"洗绿"现象也变得更为猖獗，然而，投资者缺乏公开、权威及可比较的数据进行更好地投资决策。2021 年 1 月，欧盟委员会发布了一项对多家企业绿色声明的研究，结论是 42% 的声明都存在夸大、虚假的情况或具有欺骗性。

SFDR 作为一个绿色金融标准，正好填补了这一监管和信息空白，有利于打击金融"洗绿"行为。在绿色金融加速发展的背景下，SFDR 的出台为欧洲金融市场走向规范化发展，增进欧洲及更大范围内的可持续资金流动注入了一针强心剂。

SFDR 的目标和内涵

《可持续金融信息披露条例》（SFDR）旨在提高金融产品可持续性方面的信息披露和透明度，使机构投资者和个人能够了解、比较和监测不同金融产品和公司的可持续性，从而将私人投资真正导向可持续性发展，并且在这一

---

① 来源于欧洲中央银行网站文章。

过程中打击"洗绿"行为，以及确保欧盟内部有一个公平的竞争环境，防止欧洲公司面临来自欧盟以外的不公平竞争①。

采用标准化流程对信息披露进行具体要求，根据 SFDR，金融主体必须披露他们如何将可持续性风险（这里的"可持续性风险"是指任何可能对投资价值造成重大负面影响的 ESG 事件或条件）纳入其决策和咨询流程，此外还必须提供金融产品可持续性透明度的信息。

其中，金融主体主要分为金融市场参与者与财务顾问两类，在投资组合管理和投资咨询服务，基于保险的投资产品、养老产品及另类投资基金和符合欧盟可转让证券集合投资计划（UCITS）的产品②的提议中需要披露以下几方面的信息：把可持续性风险纳入投资决策过程的政策；投资决策和 / 或投资建议对可持续性发展的主要不利影响（Principal Adverse Sustainability Impact，PAI）进行尽职调查的政策，以及与可持续性目标保持一致的薪酬政策。从以上披露信息来看，SFDR 不仅要求金融主体披露一般政策，还增加了 ESG 风险管理的要点，即对尽职调查披露进行规定，金融市场参与者和财务顾问必须在其网站上发布声明，说明他们如何在投资决策中考虑主要的和不利的可持续性因素，以及他们为了解这些风险做了怎样的尽职调查。如果没有进行尽职调查，则必须解释这么做的原因，类似于港交所 ESG 披露规定的"不遵守就解释"。

此外，金融市场参与者和财务顾问必须披露与 ESG 产品和非 ESG 产品的可持续性信息。该法规要求这两大主体将其提供的产品建议分为以下三类：主流产品、促进环境或社会特征的产品及有可持续投资目标的产品。产品需要在三个不同的地方分别披露可持续性信息，包括合同前信息（客户信息、小册子等）、产品网站、定期产品报告里进行披露（见表 1-1）。值得注意的是，如果一个金融实体提供 ESG 相关的产品，SFDR 要求根据产品的

---

① 来源于 *Sustainable Finance Disclosure Regulation*。

② UCITS 是欧盟可转让证券集合投资计划（Undertakings for Collective Investment in Transferable Securities）的简称。欧盟成员各自以立法形式认可 UCITS 后，本国符合 UCITS 要求的基金即可在其他成员面向个人投资者发售，无须再申请认可。

"绿色"程度进行额外披露，即使一家公司认为其产品与 ESG 不相关，也应说明该产品为何与可持续性风险不相关。

表 1-1 《可持续金融信息披露条例》披露要求

主体层面信息披露	服务层面信息披露	产品层面信息披露	
—	—	描述特点和目标，以及评估测量和监测的方法	特殊披露：对于促进环境或社会特征或以可持续投资为目标的产品，解释产品如何实现这些目标，以及与指定指数进行比较
公布有关在投资决策、建议中考虑可持续风险的相关政策信息	可持续性风险	解释可持续性风险融入投资决策、建议，风险对产品回报的影响。如果未考虑，解释原因	合同前信息披露，网站和定期报告
解释关于投资决定、建议的 PAI 尽职调查政策。如果不考虑 PAI，请解释原因	对可持续性发展的主要不利影响（PAI）	解释产品是否考虑 PAI，如有，进行考虑。如没有，解释原因	由分类法补充的披露要求：解释该产品促进了哪些环境特征或具有哪些环境目标，以及该产品的投资在多大程度上符合《分类法》定义下的可持续性经济活动
解释薪酬政策如何与可持续性风险整合保持一致	薪酬	—	
网站信息披露	—	网站，合同前信息披露	合同前信息披露

SFDR、《分类法》与 NFRD 三者的关系

对投资机构和企业来说，搞清楚欧盟颁布的《非财务报告指令》(NFRD)、《分类法》及《可持续金融信息披露条例》(SFDR) 这三者之间的关系具有十分重要的意义，这不仅关乎满足不同规定的合规信息披露要求，还有利于理解政策对可持续投资和经济活动的指导作用。这三个法令之间相互联系，但

具有不同的适用范围和功能导向（见表 1-2）①。

表 1-2　SFDR、NFRD 与《分类法》比较

	SFDR	NFRD	《分类法》
适用范围	金融市场参与者和财务顾问	雇员超过 500 人的欧洲上市公司和大型公益性公司，以及金融业	SFDR 和 NFRD 范围内的公司和资产管理者
披露要求	• 市场参与者需要公布有关在投资决策、建议中考虑可持续风险的相关政策信息，其投资如何对可持续性因素产生不利影响——投资对环境和社会因素的负面影响 • 对可持续性风险进行尽职调查的声明，将可持续性因素纳入薪酬政策 • 在实体层面及产品层面衡量 PAI	公司必须公布其实施的有关政策的报告： • 环境保护 • 社会责任和员工待遇 • 对人权的尊重 • 反腐败和贿赂 • 公司董事会的多样性（在年龄、性别、教育和专业背景方面）	• 公司和资产管理公司必须报告其营业额、资本支出和运营支出与《分类法》标准一致的百分比 • 资产管理者必须报告其投资组合中符合《分类法》的活动的百分比
强制性及与其他两者关系	具有一定的强制性，对于某些条款采用"不遵守就解释"的方式。SFDR 的部分内容由《分类法》做出了补充	NFRD 对公司如何披露这些信息给予了较大的灵活性。NFRD 规定下的公司也必须遵守 SFDR，以及 NFRD 当前还未要求披露与《分类法》有关的信息	适用于 NFRD 和 SFDR 规定下的企业和投资机构，以及有权进一步明确 NFRD 和 SFDR 中规定的条例

相比 NFRD，《分类法》和 SFDR 具有更大的适用范围，且更有助于引导资本流向，促进可持续金融的发展，以及防止"洗绿"。《分类法》为可持续金融和防止"洗绿"提供了分类和识别工具，SFDR 的重点则是识别和减轻可持续性风险②。

SFDR 实施的挑战和机遇

由于受到众多因素的影响，SFDR 的执行被多次推迟。首先，由于新冠

---

① 来源于文章 *The Relationships between Sfdr Nfrd and Eu Taxonomy*。
② 来源于文章 *Sfdr Nfrd and Eu Taxonomy*。

肺炎疫情的影响，SFDR 和《分类法》的执行过程都受到了严重的影响，原本附随两个法令发布的监管技术标准（Regulatory Technical Standards，RTS）也被推迟到 2021 年 10 月 22 日才正式发布。同时，RTS 的应用日期也被同意推迟到了 2023 年 1 月 1 日。由于 RTS 为 SFDR 要求的披露内容、方法展示形式都规定了颗粒度，这些延迟不仅造成了监管的不确定性，还使资产管理公司面临极大的挑战，因为这意味着他们只有几周的时间准备和完成所有合同前披露，即基金招股说明书的更新等，以及实施日期前随附的网站披露几乎很难完成合规披露。

一个更大的挑战来自数据获取的难度。按照 SFDR 的规定，金融市场参与者和财务顾问需披露两类金融产品的信息，一类是促进环境或社会特征的产品，另一类是促进可持续性目标的产品。欧盟委员会还未发布关于如何判定和区分这两类产品的具体指南，这就导致资产管理公司根据自己的理解对这两类产品进行判定和分类。此外，SFDR、RTS 要求被投资公司收集对可持续性发展的主要不利影响（PAI）相关数据，然而大多数公司对此没有准备，无法向他们的投资者进行数据汇报。

另一个挑战是数据的可用性、多样性及不同方法和标准之间缺乏可比性。SFDR 覆盖的范围很广，涵盖了非常广泛的市场参与者和产品，虽然在可持续性披露方面制定同一套规则是有好处的，但是这可能也会导致定义宽泛，披露的专业度和深度不够，也会为 SFDR 在大范围内实施造成困难。

缺乏可比较的、公开的和可靠的数据的现状，是当前资产管理者向可持续投资转型面临的重大挑战。这一数据缺口可能会持续到 2024 年企业可持续报告指令（CSRD）实施。在这一期间，资产管理者要么自身尽最大努力获取数据，要么依靠第三方机构，但这可能造成对第三方机构的长期依赖。较高的合规成本有可能导致资产管理者不遵守 PAI，这些成本当前还不可预测。

当然，SFDR 也带来了许多机遇。SFDR 将可持续融资放在聚光灯下，并赋予其应有的重视，通过暴露出可持续金融发展中的落后者，其将迫使投资行业整体在 ESG 相关领域加大投入、改善标准，进而改变当前投资行业经营业务的方式。

虽然困难重重，但是 SFDR 已经带来了积极的改变，欧洲部分公司开始响应其规定。欧洲可持续投资论坛（The European Sustainable Investment Forum，EUROSIF）主管维克多·范·霍恩（Victor van Hoorn）表示有证据表明寻求投资的公司已经对《可持续金融信息披露条例》做出了回应。同时，欧洲以外的公司也被自己的投资者和金融数据提供商问到有关绿色投资的问题，这说明 SFDR 正在向企业温和施压，要求他们开始报告这些信息。

SFDR 也在推动欧洲各国进一步制定适应本国的绿色金融信息披露法规。例如，法国已经出台了本国的信息披露规则，并产生了明显的积极影响。气候智库 ESG 的拜福德·曾（Byford Tsang）表示："《可持续金融信息披露条例》的推出给法国资产管理界带来了相当大的改变，披露程度变得更高，环境、社会和公司治理（ESG）报告的质量也提高了。"此外，SFDR 授权欧洲监管机构在实体和产品层面制定关于 ESG 披露的内容、方法和表述的监管技术标准，为在欧盟范围内实现更为广泛的协调铺平道路。

SFDR 的影响与启示

SFDR 的影响范围不局限于欧盟内部，其具有域外影响力。首先，会影响欧盟企业对外的投资行为，大约 60% 的欧洲基金资产投资在欧盟之外的地方，他们都需要遵守 SFDR 的信息披露规定。其次，SFDR 也会影响世界各地在欧盟市场的企业和投资机构，包括在欧盟设有子公司和业务的非欧盟公司，现在正在或计划在欧盟提供已注册金融产品的金融机构，以及现在正在提供或计划向欧盟公司提供投资建议的企业，都将直接或间接受到 SFDR 的影响。

欧盟 SFDR 等法规或将会增进资金的流动，这对中国来说是一个巨大的机会。中国政府也正在或已经制定了一系列促进绿色金融信息披露的措施和条例，包括《深圳经济特区绿色金融条例》和粤港澳大湾区启动金融机构环境信息披露试点等，中国企业也在积极响应国家政策号召进行绿色投资和信息披露，这将有助于吸引更多重视可持续发展的投资者。

随着中国企业的外资持股的急剧增加，投资者对可持续金融产品的需求迅速增加，对煤炭和采矿等传统投资领域的需求下降。例如，贝莱德投资了在上交所上市的一系列企业的A股股票，这些企业很可能最终被纳入SFDR的影响范围内，中国企业积极进行可持续投资规划方面的转型和实践有利于更好地应对来自欧盟资产管理公司的高要求。

欧盟气候中和蓝图、路径及核心政策加强低碳变革

欧洲在应对全球气候变化和能源转型中扮演领导者角色，而《欧洲绿色协议》为这一转型和变革制定了蓝图和整体框架，《欧洲气候法》确立了气候目标的法律地位，"适应55"系列立法提案致力于推进目标的实现，这一系列的举措使欧洲正在向一个气候中和与循环经济的社会转变。[①]

欧盟气候中和的蓝图和顶层设计

2019年12月，欧盟委员会提出《欧洲绿色协议》（见图1-3），这一政策为欧盟达成气候中和、向循环经济转型、对气候目标的立法支持及开展国际合作提出了顶层设计，承诺到2050年实现气候中和，这将使欧洲成为全球第一个气候中和的地区。

欧盟气候中和目标的推进："适应55"系列提案

2020年3月，欧盟委员会又提出《欧洲气候法》，确立了到2030年将温室气体净排放量比1990年的水平减少至少55%的中期目标，此法也分别于2021年6月24日和2021年6月28日被欧洲议会和欧盟理事会通过，从而完成了所有的立法程序。[②]《欧洲气候法》确立了气候目标的法律地位和有效性，体现了欧盟实现气候中和的决心。

---

① 来源于欧盟委员会文章 *European Green Deal: Commission Proposes Transformation of EU Economy and Society to Meet Climate Ambitions*。
② 来源于 Regulation (EU) 2019/2088 of the European Parliament and of the Council。

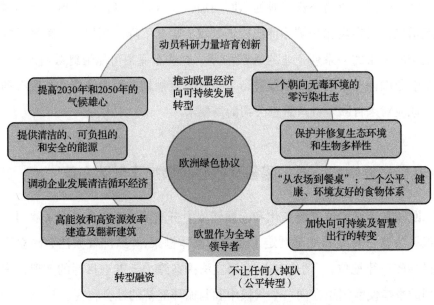

图 1-3　《欧洲绿色协议》框架与核心内容 ①

除了气候目标的蓝图和顶层设计，欧盟还提出明确的实施路径，使欧盟能够在未来 10 年内加快温室气体减排，推进气候减排中期目标和气候中和的长期目标的逐步达成。2021 年 7 月 14 日，欧盟委员会通过了名为"适应55"（"Fit For 55"）②的一揽子立法提案，涵盖气候、能源、土地利用、运输和税收政策等十几项与碳中和相关的立法修正案及新的立法建议，主要包括以下几方面：一是将排放交易系统应用于新部门及收紧现有的欧盟排放交易系统；二是增加可再生能源的使用；三是提高能源效率；四是更快地推出低排放运输模式，以及提供支持的基础设施和燃料；五是使税收政策与《欧洲绿色协议》目标保持一致；六是防止碳泄漏的措施，以及保护和使天然碳汇增长的工具。这一揽子提案明晰了气候中和的实现路径，将助力实现《欧洲气候法》中商定的目标，也将使《欧洲绿色协议》中到 2050 年达到气候中和的目标成为现实。

① 来源于国家应对气候变化战略研究和国际合作中心官网文章。
② "适应 55"即达成《欧洲气候法》确立的目标——到 2030 年将温室气体净排放量比 1990年的水平减少至少 55% 的适应性政策。

为了推动气候目标的实现，欧盟委员会把具体目标分配到每个成员，帮助各成员明确各自的实现路径。由此，欧盟委员会也在"适应55"提案中提出《减排分担条例》（Effort Sharing Regulation），为每个成员设定了建筑、道路和国内海运、农业、废弃物和小型工业方面的减排目标。考虑到每个成员的不同起点和能力，这些目标基于人均 GDP 设定，并且在考虑成本效益的基础上进行了调整。

《欧洲绿色协议》构建的系统性蓝图，以及"适应55"一系列提案明晰了欧盟达成气候中和的目标和实现路径，为欧盟及其成员的减少排放，实现可持续的经济和社会提供了强大的支持动力。这将加快欧盟减排行动，从根本上改变欧盟的经济和社会，建立一个公平、绿色和繁荣的未来。由表 1-3 可知欧盟气候中和蓝图及目标设定，包括目标的关键时间节点和相应的行动、成果[1]。

表 1-3 《欧洲绿色协议》框架与核心内容

时间节点	行动和成果
2019 年 12 月	欧盟委员会提出《欧洲绿色协议》，承诺到 2050 年实现气候中和
2020 年 3 月	欧盟委员会提议将 2050 年气候中和目标写入有约束力的法案——《欧洲气候法》
2020 年 9 月	欧盟委员会提出到 2030 年将温室气体净排放量减少至少 55% 的目标，并将其列入《欧洲气候法》中
2020 年 12 月	欧洲领导人一致同意 2030 年减排目标
2021 年 4 月	欧洲议会和成员就《欧洲气候法》达成政治协议
2021 年 6 月	《欧洲气候法》生效
2021 年 7 月	欧盟委员会提出了一揽子提案以实现 2030 年减排目标，欧洲议会和成员谈判并通过一揽子法案
2021 年 9 月	"新欧洲包豪斯"：新的运动和可持续发展资金
2030 年	温室气体净排放量比 1990 年的水平减少至少 55%
2050 年	达成气候中和

---

① 来源于普华永道官网文章。

"适应 55" 提案核心内容：欧盟碳排放交易系统

作为"适应 55"提案的核心内容，欧盟碳排放交易系统（EU Emissions Trading System，EU ETS）得到了加强，这也是欧盟达成气候目标最重要的途径之一。那么，什么是 ETS，它对欧盟减排的重要价值有哪些，以及欧盟委员会为加强减排对 ETS 提出了哪些新的要求？

ETS 基于"总量管制和交易"的原则，对系统涵盖的实体每年可以排放的某些温室气体总量设定了绝对限制或"上限"，这个上限会随着时间的推移而降低，从而使总排放量下降。ETS 每年为碳定价，将碳定价作为基于市场的工具和明确的指导，并给予社会补偿。用碳的价格，激励消费者、生产商和创新者选择清洁技术，转向清洁和可持续的产品。ETS 是落实欧盟气候变化政策的基石，也是具有较高成本效益的可减少温室气体排放的关键工具。当前，ETS 涵盖的行业和领域约占欧盟总排放量的 41%，因此它对欧盟的碳减排目标至关重要。

对于受到 ETS 监管的实体，它们可以购买或者直接获得排放的配额，并根据需要进行相互交易。每年年底，这些实体必须交出足够的配额以抵消它们所有的排放量。如果一个受监管的实体由于减少排放量有了剩余的配额，那么它可以保留这部分节省下来的配额，以满足其未来的需要，或者进行出售，欧盟委员会提议成员应将其排放交易收入的全部用于气候和能源相关项目。然而，这一规定也使欧盟碳排放交易体系中积累了大量配额盈余，为了解决这一问题，保证 ETS 的有效性，欧盟自 2019 年起开始实施市场稳定储备（Market Stability Reserve）。

根据 2021 年 7 月的"适应 55"提案，欧盟将加强 ETS 所覆盖的行业减排力度，进一步限制已有行业的总排放上限，并提高其年度减排率，比如当前已涵盖的航空业，将逐步取消航空自由排放配额，并且与国际航空碳抵消和减排计划（CORSIA）保持一致。其次，现有的 ETS 将会扩展到更多的行业，或是单独为某些行业建立新的排放交易系统，使更多的行业加入减排的行动中。例如，有数据显示，欧盟温室气体排放量的 25% 来自交通运输行业，公路交通占到其中的 71.7%，过去几年，运输方面的排放甚至上升了。为了解决道路运输和建筑中的减排问题，欧盟计划建立一个适用于道路运输和建筑物的单独的排放交易系统。除了建立单独的 ETS 来促进交通运输行业减碳，欧盟还把推广清洁、廉价、健康的公共交通工具作为减少碳排放的关键步骤之一。

ETS 的建立使欧盟成为世界上第一个主要的碳交易市场。从 2005 年建立到现在，ETS 已经经历了几个不同的发展阶段，一直呈现出强劲的发展动力，取得了显著成效。自 2005 年以来，ETS 涵盖的主要领域，包括电力、热能和能源密集型的工业设备，其排放量减少了 42.8%。作为一个基于市场机制的系统，ETS 确保以最低成本减少排放，因此，大多数减排贡献源于电力部门。

欧盟委员会提议到 2030 年，当前欧盟 ETS 所包含的行业的排放量（包括即将覆盖的海运行业）需要比 2005 年的水平减少 61%。这比当前 ETS 的贡献，即减排 43% 增加了大约 18%。为了实现这一目标，欧盟委员会提议在一次性减少 1.17 亿配额的总排放量上限之后，以更大幅度每年减少 4.2% 的排放量，并在 2027 年之前对配额进行全面拍卖，以创造一个更加强有力的价格信号来推动减排。

为了使减排行动、促进社会公平发展及激发新的气候问题解决方案形成相互促进的正循环，推动进一步的发展和目标，来自 ETS 25% 的收入将捐给社会气候基金。该基金可以补偿弱势群体更高的取暖和运输燃料成本，并帮助投资于更清洁的解决方案。为了解决道路运输和建筑中的减排问题，欧盟计划建立一个适用于道路运输和建筑的单独的排放交易系统。一旦新的 ETS 投入运营，预计将为该基金提供 72 亿欧元 [①]。

ETS 核心补充机制——碳边境调整机制

欧盟通过为本土工厂提供排放配额及为成员提供补贴的方式，来补偿因为 ETS 和碳定价而增加的电力成本。根据欧盟委员会修订的新提案，

---

① 来源于欧洲联盟委员会官网文章。

所有的免费配额分配都会逐步下降，这就可能导致"碳泄漏"问题，即总部位于欧盟成员地区内的公司可以将碳密集型生产转移到国外，以利用宽松的标准，或者欧盟的产品可能会被碳密集型进口产品所取代。这可能会使排放转移到欧洲以外的地区，从而严重破坏欧盟和全球达成气候目标的努力。[①]

为了防止"碳泄漏"风险，保护相关产业的竞争力，欧盟委员会还提议建立并且通过了碳边境调整机制（Carbon Border Adjustment Mechanism，CBAM），作为旗舰气候政策 ETS 的关键补充政策措施之一，同时也是作为"适应 55"中另一个重要组成部分，CBAM 将共同助力实现欧盟气候战略，并且逐步淘汰对 CBAM 及 ETS 所覆盖行业的免费配额分配，同时确保与世贸组织规则保持一致。

考虑到企业情况和其他国家相关法律的连续性，CBAM 采用分阶段方式逐步扩大实施范围，从 2023 年开始到 2025 结束是为期 3 年的过渡期，将仅适用于欧盟 ETS 下无法享受免费排放配额因而"碳泄漏"风险高的部门，包括电力、钢铁、水泥、化肥、铝，从而确保进口商与欧盟生产商的公平竞争。在这一期间，进口商必须报告直接排放量和间接排放量，但无须支付费用。从 2026 年开始，欧盟将使 CBAM 与修订后的欧盟 ETS 相呼应，决定是否涵盖直接排放量和间接排放量，以及企业是否需要支付调整后的费用。

欧盟气候政策和法令的影响与启示

随着全球气候问题日益严峻，应对气候变化已经成为全球治理与国际合作最重要的议题之一。欧盟意在成为应对气候变化的国际领导者，而以《欧洲绿色协议》为代表的一系列政策、法令作为其重要抓手，正在帮助欧盟成为国际领导者的角色。然而，气候变化是一个全球问题，需要全球解决方案，中国在全球气候治理中也在扮演越来越重要的角色。为了进一步提升影响力，一方面中国积极推进"双碳"目标的实现，加强目标的评估；另一方面，深入研究以《欧洲绿色协议》为代表的一系列政策和法令，加

---

① 来源于国家发改委官网文章《碳税将成下一个贸易争端焦点》。

强中欧气候领域的合作与伙伴关系，共同推进全球气候治理。

从欧盟气候政策对中国及中国企业的具体影响来说，"适应 55"中的 CBAM 具有实实在在的影响。现在 CBAM 所涵盖的行业和排放范围相对较窄，数据显示，钢铁、铝、化肥和水泥这四个行业仅仅占 2019 年欧盟进口商品总量的 3.2%，价值为 610 亿欧元。而对于欧盟从中国的进口来看，CBAM 覆盖的范围更小，2019 年欧盟从中国进口这四类商品的总额为 65 亿欧元，占欧盟从中国进口商品的 1.8%。以上表明该提案只释放了一个有力的信号，而后期将会逐步加强。

对于欧盟 CBAM，中国需要积极应对，与欧盟加强对话，做好充分准备，将 CBAM 可能覆盖的钢铁等行业尽快纳入全国碳市场，并将碳价维持在较高水平。当 CBAM 覆盖范围发生变化时，也应当及时对碳定价政策做出相应调整。对于受欧盟 CBAM 影响的中国企业，积极的应对措施是在欧盟相关规则确定后尽快建立符合 CBAM 要求的内部监测系统，跟踪产品的直接和间接排放量，并及时向欧盟相关机构送交报告。[1]

⁂ 欧洲加快人权立法，推动供应链可持续性

综观欧洲在可持续发展方面的立法实践，对企业的要求呈现从"自愿性"到"强制性"转变的特点，在对供应链人权尽职调查要求上，欧洲也正在经历这一快速变化的过程。人权尽职调查是公司识别、预防、减轻和说明如何应对其负面人权影响的过程，是《联合国工商业与人权指导原则》（*United Nations Guiding Principles on Business and Human Rights*，UNGPs）的核心概念。[2] 在国际准则的指导下，欧盟和其成员积极推动相应法规的制定和实施。

---

[1]　来源于欧盟委员会文章 *Carbon Border Adjustment Mechanism: Questions and Answers*。
[2]　来源于欧盟委员会文章 *European Commission-Pressrelease*。

欧洲现有供应链人权相关法规

欧洲部分国家早前已经出台了一些与负责任商业行为和尽职调查相关的法律规定。

英国是世界上率先对供应链人权问题立法的国家，即《反现代奴役法》。该法案第 54 节要求相应的组织机构每个财政年度都需要发布一份透明度报告，说明该组织机构采取了哪些措施预防其业务和供应链中出现奴役和人口贩卖行为。自该法案实施以来，英国政府积极跟进落实状况并发布报告，鼓励对法案进行完善。根据现有报告信息，该法案很可能会对违规企业实施一系列制裁。未来，英国政府可能会进一步建立经济制裁相关的机制，使公司高层承担相应责任并且可能禁止违规企业参与政府合同的签订[①]。

法国在 2017 年 3 月通过其第一部企业人权和环境方面的尽职调查义务的法律规定——《企业警戒责任法》(*Corporate Duty of Vigilance Law*)。该法规定，公司在法国的员工数量达到 5000 人，或在世界范围达到 10000 人的法国的大型公司，有责任识别和防止其业务活动（包括企业自身和其子公司，以及供应商）中存在的人权与环境方面的风险。公司必须建立并实施可公开的警戒计划，以使各利益相关方可以据此对其进行问责，并且从 2018 年开始将警戒计划纳入企业的管理报告中。在该法下，2019 年 10 月，法国"地球之友"等 6 个非政府组织对法国巨头道达尔（Total）提起诉讼，称道达尔在乌干达和坦桑尼亚的油田项目破坏当地环境及侵犯人权，这一案件至今仍然在审理中。

荷兰下议院在 2019 年 5 月 14 日通过《童工尽职调查法案》(*Dutch Child Labour Due Diligence Act*)[②]，要求公司调查其商品或服务过程中是否利用童工，并制定计划防止其供应链出现童工。该法案还规定了报告义务，即公司需要提交供应链尽职调查报告，以表明他们为防止使用童工进行了适当的调

---

① 来源于 Allen Overy 官网文章。

② 来源于文章 *Mandatory Human Rights due Diligence Laws：the Netherlands Led the Way in Addressing Child Labour and Contemplates Broader Action*。

查。该法律适用于所有向荷兰消费者出售或供应商品、服务的公司（法律形式和规模不限），并且无论公司总部位于何处或在何地进行注册，都适用该法案。该法案也明确了监督和处罚机制，相关的监管机构将监督该法的实施和遵守情况。该法案将在 2022 年 2 月 2 日生效，旨在为公司提供一段充足的时间对其供应链进行调查。

德国联邦议院于 2021 年 6 月 11 日通过了《供应链尽职调查法》（以下简称《供应链法》），督促企业履行供应链人权和环境尽职调查义务。该法案分为两个实施阶段：第一阶段从 2023 年起，适用于拥有超过 3000 名员工的 600 多家德国企业；第二阶段自 2024 年起，适用于拥有 3000 名以下、1000 名以上员工规模企业，包括近 2900 家德国企业。《供应链法》涵盖范围较广，不仅适用于总部或分公司在德国的企业，也涵盖与德国企业有贸易往来的直接和间接供应商。该法规定企业必须确保自身及其全球价值链上所有的直接和间接供应商遵守国际法中有关禁止童工和强迫劳动的要求，以及保护劳工和环境，向工人支付合理的薪资。同时，企业需要每年进行供应链尽职调查，并且出具环境和人权报告。企业若违反该法，将会面临基于年销售额的高额罚款。而如果企业罚款额超过 17.5 万欧元，还将面临更严重的制裁，该企业将在最长 3 年时间内被排除在一切政府采购招标之外。

欧盟即将升级供应链人权尽职调查要求

除了欧洲各国的供应链人权法律，欧盟层面此前也具有供应链人权相关的法规要求。一是《欧盟冲突矿产法规》，该法规于 2021 年 1 月 1 日正式生效，规定了欧盟进口商对来自受冲突影响地区和高风险地区的锡、钽、钨及其矿石和黄金的供应链尽职调查义务，旨在打破矿产贸易、武装冲突和侵犯人权之间的联系。二是欧盟《非财务报告指令》（NFRD）中的相关内容，NFRD 要求拥有 500 名以上员工的大型上市公司、银行和保险公司每年披露有关环境保护、社会责任、员工待遇、尊重人权、反腐败、董事多元化、对供应链尽职调查的信息等。

2020 年 2 月 20 日，欧盟委员会公布了一份关于企业供应链尽职调查义务的研究报告，以识别、预防、减轻和解释供应链中侵犯人权的行为。研究结果显示，只有 1/3 的欧洲公司会通过尽职调查审查其供应链在环境和人权方面的影响。这说明在自愿的情况下，多数企业依然不会主动采取行动进行供应链尽职调查。另外，12 份欧盟成员报告显示，越来越多的成员将《联合国工商业与人权指导原则》的尽职调查标准引入现有法律标准或据此提出新的立法，这表明欧盟成员已经开始在供应链人权立法上积极行动起来①。

2021 年 7 月 12 日，欧盟委员会与欧洲对外行动署（The European External Action Service，EEAS）发布了关于《尽职调查指南》（以下简称《指南》）②。一方面，该《指南》向欧洲公司提供人权尽职调查方面有效和实用的建议，以解决其供应链中的强迫劳动风险；另一方面，也为欧盟实现其贸易战略目标——"促进负责任和可持续的价值链"提供指导和支持。

该《指南》虽不具有强制性，但是为应对即将到来的更具强制性的法规——欧盟委员会提出的《可持续公司治理》，欧盟公司需要积极考虑《指南》中的建议，提前采取行动以做好准备。《可持续公司治理》提案由欧盟委员会主席冯德莱恩在 2020 年 9 月首次提出。《可持续公司治理》的公开协商和征求意见进程已在 2022 年 2 月完成，预计将在 2022 年年内通过。该项法案或将强制要求欧盟本土和第三方企业对供应链做尽职调查，审视其一级甚至非直接供应商人权（包括供应链中的童工和强迫劳动问题）和环境方面的情况。

欧洲供应链人权相关法案的影响与启示

不论欧盟即将通过的《可持续公司治理》，或将于 2030 年生效的德国《供应链法》，或即将出台或实施的欧洲其他供应链人权相关的法案，都将对与欧洲有贸易关系，或在欧洲开设分公司的中国企业产生影响。为此，中国

---

① 来源于欧洲联盟出版物办公室官网文章。
② 来源于欧洲委员会官网文章。

企业需要积极应对，在降低法律和贸易风险的基础上，以此为契机，加强自身的环境与社会风险管理。

具体到企业如何行动，欧盟发布的《指南》对中国企业降低供应链人权风险也具有借鉴和指导意义。首先，中国企业需要清楚了解国际通用准则，使自身供应链符合国际标准。其次，《指南》中概述了打击强迫劳动相关的负责任商业行为和尽职调查的国际标准和原则，包括《经合组织负责任商业行为尽责管理指南》、联合国商业与人权指导原则（UNGPs）和国际劳工组织（ILO）基本公约，还详细列出了 OECD 尽职调查程序，如具体的步骤和相应行动，为企业建立相关制度提供了可参照的依据。

除了国际通用的原则和标准，《指南》还根据尽职调查的具体程序和补救措施提出了更为具体的建议，同样值得中国企业借鉴，大致包括以下几个方面：一是尽职调查应与单个公司的情况和背景相称，包括其规模、风险状况和上游供应链的特殊性。二是量身定制政策和管理系统，并制定针对强迫劳动的"零容忍政策"。这些政策和系统应阐明供应商和工作人员不会因报告强迫劳动可能的风险或事件而面临被报复的风险。另外，公司还应提高关键员工对强迫劳动的认知。三是企业在分析其运营和供应链中是否存在强迫劳动时，应重点考虑 3 个相关的风险因素，包括国家风险、移民及非常规风险和员工债务风险。四是该《指南》还进一步详细说明了公司在进行负责任的尽职调查时应考虑得更为多元化的因素，包括酌情进行促进性别平等的尽职调查，纳入与种族或宗教少数群体歧视有关的考虑因素，以及以可靠的方式获取和核实信息来源。五是当公司针对强迫劳动风险采取行动时，它们可以与供应商或商业伙伴脱离关系，或继续保持业务关系，同时继续参与"防止或减轻强迫劳动行为对政府政策和工厂雇佣的不利影响"。该《指南》就公司负责任脱离业务关系提出了切实可行的建议，以及在业务关系继续的情况下，建议向供应商和业务合作伙伴提供适当的财政支持，以便实施商定的纠正行动计划。

总的来说，相关中国企业首先要明确与之相关的法律规定，不仅要审视本身的业务，还要确保自身供应链不存在劳工和环境相关风险，以满足相关法律及供应链合同的标准。其次，要建立起尽职调查制度和拥有风险识别工具，预防劳工和环境方面的风险。再次，提前准备供应链尽职调查相关合规文件，最好同步制定、更新如何确保符合相应法律要求的文件说明，以及争取对合规文件进行第三方独立审验。最后，要注重保护商业声誉，谨慎对待负面的社会评价，特别是相关工会和非政府组织提起的质疑甚至诉讼。

中国 ESG 政策生态

十几年来，社会责任理念在资本市场的深入发展使得 ESG 理念在西方国家兴起并迅速发展，在中国也引起越来越多的关注。正如社会责任理念在中国的演进，ESG 的发展同样离不开政策支持和引导，中国政府相关部门对企业在环境、社会等非财务绩效上的监管从正式提出到不断加强，推动企业不断重视并提升 ESG 表现，以此实现企业的高质量、可持续发展。

当前，明确的 ESG 政策监管主要来自金融监管部门，聚焦于对企业 ESG 信息披露的强制性规范和对 ESG 投资的政策引导，以及由于 ESG 包含 E（环境）、S（社会）、G（公司治理）不同方面的众多议题，不同政府部门对与其监管职能相关的议题也各有侧重。"十四五"时期，在经济发展、环境保护、社会治理等领域工作的基础上，"创新、协调、绿色、开放、共享"的发展理念和追求更高质量、更有效率、更加公平、更可持续、更为安全的发展目标为 ESG 的纵深发展提供了更广阔的空间。

理解具有监管要求的 ESG 政策

针对不同对象，当前 ESG 监管措施可大致分为两类：一类具有强制性，面向上市公司或部分特定企业，通过行政法规，强制其披露符合最低标准的 ESG 相关信息；另一类带有激励性要求，通过绿色投资等市场化手段激励企业披露 ESG 信息。

面向上市公司为主的 ESG 监管要求

中国上市公司 ESG 信息披露主要依靠政府部门引导，以及交易所出台相关政策细化落实。

关于企业环境信息披露，最早由国家环境监管部门提出。2003 年，国家环保总局在《关于企业环境信息公开的公告》提到，被列入省级环保部门严重污染企业名单的企业应当对企业污染排放状况及环保措施进行信息披露。2021 年 5 月，生态环境部发布了《环境信息依法披露制度改革方案》，将到 2025 年基本形成强制性环境信息披露制度定为主要工作目标，要求中国证券监督管理委员会（以下简称证监会）进一步对上市公司信息披露有关文件格式进行修订，将环境信息强制性要求加入上市公司申报规则中，并在招股书等申报文件中予以落实。

作为上市公司信息披露工作的监管部门，证监会根据我国国情和市场发展阶段，不断研究健全上市公司 ESG 信息披露制度，规范上市公司运作。2017 年，证监会发布的上市公司年报及半年报内容与格式准则中提到，属于环境保护部门公布的重点排污单位的公司及其子公司应当根据相关法律要求强制公布有关环境信息。2021 年 6 月，证监会发布修订后的上市公司年度报告和半年度报告格式，相较于 2017 年发布的年报格式准则，新版将此前报告正文与环境和社会责任有关条文统一整合为独立章节"第五节环境和社会责任"，并在环境、社会信息披露层面做出以下调整。

一是环境层面：新版要求企业披露报告期内因环境问题受到的行政处罚情况，鼓励公司自愿披露在报告期内为减少其碳排放量所采取的措施及效果。

二是社会层面：结合中国经济社会发展现状，对信息披露要求进行更新，将原本要求披露的"履行扶贫社会责任的情况"变更为"巩固脱贫攻坚、乡村振兴等工作情况"等。

关于 ESG 信息披露政策的未来走向，2021 年 2 月证监会在答复政协第 2633 号提案《关于尽快探索设立"责任投资"的中国标准，大力推动中国 ESG 投资实践的提案》中说，"将在兼顾上市公司信息披露成本的基础上，不断完善上市公司 ESG 信息披露制度，引导上市公司完善治理、更好履行社会责任，进一步营造良好的责任投资氛围。"证监会还说，"将在发行人可持续性信息披露、建立非财务信息报告的国际标准等有关方面与国际组织进一步对接合作。"

　　在证监会发布的上市公司信息披露规则基础之上，深圳证券交易所（以下简称深交所）和上海证券交易所（以下简称上交所）出台了更为细化的 ESG 信息披露指引要求。深交所和上交所则分别在 2006 年和 2008 年出台相关指引，鼓励上市公司披露社会环境信息。2020 年，深交所和上交所在上市公司社会责任信息披露方面的监管不断加强。深交所发布《深圳证券交易所上市公司信息披露工作考核办法（2020 年修订）》加上了第十六条履行社会责任的披露情况，首次提及了 ESG 披露，并将其加入考核。至此，上市公司是否披露 ESG 信息、信息披露质量均会影响公司信息披露评级，并将对企业在资本市场的发展产生更直接的影响。上交所制定并发布了《上海证券交易所科创板上市公司自律监管规则适用指引第 2 号——自愿信息披露》，鼓励和规范科创板上市公司开展自愿信息披露，提高自愿信息披露的有效性。

　　香港联合交易所（以下简称港交所）相较于内地两家交易所更早地对上市公司 ESG 信息披露做出强制性要求。2012 年，港交所发布作为上市公司自愿性披露建议的《ESG 报告指引》①；2016 年，将部分事项由建议披露升至半强制披露；2019 年 12 月，再次扩大强制披露范围并将 ESG 全部事项提升为"不遵守就解释"，至此新版 ESG 指引中，除"独立验证"为建议性条款外，所有指标均为强制披露条款。

面向金融机构的 ESG 政策引导

　　在 ESG 投资方面，国内监管以绿色金融、普惠金融为核心，出台了一系列政策引导，推动商业银行、公募基金等各类金融机构开发更多绿色贷款、绿色债券、绿色基金、碳金融产品等基于 ESG 投资理念的金融产品，引导资金向清洁、低碳、环保的企业和项目倾斜，"以可负担的成本为有金融服务需求的社会各阶层和群体提供适当、有效的金融服务（国务院关于印发《推进普惠金融发展规划（2016—2020 年）》的通知）"，推动经济社会绿

---

　　①　ESG 是指环境、社会、公司治理。港交所正式刊发的 ESG 报告指引的中文名称为《环境、社会及管治报告指引》。

色、可持续发展。

中国绿色金融近年来进入加速发展期，正是得益于政策"自上而下"的大力支持。2016 年，绿色金融被正式写入"十三五"国民经济与社会发展规划。2016 年 8 月，中国人民银行、财政部等七部委联合发布了《关于构建绿色金融体系的指导意见》，是国际上首个政府层面全面规划及推动绿色金融的指导性文件。2017 年 6 月以来，国务院先后在全国五省（区）九地设立绿色金融改革创新试验区，探索"自下而上"地方绿色金融发展路径。2018 年 11 月，中国证券投资基金业协会发布《绿色投资指引（试行）》，为基金开展绿色投资活动进行全面指导和规范。随着碳达峰、碳中和目标的提出，中国政府对于绿色金融和责任投资的引导和推动越来越明晰和坚定。

金融机构以治理者的身份推动中国企业 ESG 发展的同时，也必须满足监管部门对所有上市公司提出的 ESG 信息披露要求，并应对监管部门对金融机构 ESG 管理提出的更高要求，将 ESG 理念贯穿到企业风险管理及决策流程中。2020 年 1 月，中国银保监会发布《关于推动银行业和保险业高质量发展的指导意见》，明确要求银行业金融机构要建立健全环境与社会风险管理体系，将 ESG 治理要求纳入授信全流程，强化 ESG 信息披露和与利益相关者的交流互动。这是监管层首次明确要求银行机构将 ESG 管理从单一风险管理延伸至自身整体经营管理行为。2021 年，中国人民银行发布包括《金融机构环境信息披露指南》（JR/T 0227–2021）及《环境权益融资工具》（JR/T 0228–2021）两项行业标准在内的中国首批绿色金融标准，引导和规范金融机构环境披露工作、创设和推广环境权益融资产品。2021 年 10 月，上海市政府发布《上海加快打造国际绿色金融枢纽服务碳达峰碳中和目标的实施意见》，提出推动建立金融市场环境、社会、治理（ESG）信息披露机制，提高投资人 ESG 投资意识，鼓励金融机构在投资流程中全面嵌入 ESG 评价。

⇛ 新兴 ESG 议题的政策基础

党的十八大以来，党和政府高度重视绿色发展、可持续发展，陆续出台了一系列政策文件。从 2013—2021 年政府工作报告中可以看出，关于社会、环境和公司治理方面的议题一直是政府关注的重点工作，如创新、知识产权保护、就业、精准扶贫、乡村振兴、食品药品安全、安全生产、绿色发展、生态保护、发展慈善事业和志愿服务等，这些为企业推进 ESG 实践指明了方向。政府工作报告中也不断出现新兴的 ESG 议题和要求，如弘扬企业家精神和工匠精神、反对用工中的性别和身份歧视、推广垃圾分类、保护生物多样性等，尤其是数字经济迅速发展带来的新就业形态劳动者权益保障、老年人数字鸿沟、科技伦理等问题成为相关政府部门和社会公众关注的热点，也成为相关行业企业 ESG 管理中的实质性议题。

新就业形态劳动者权益保障

近年来，平台经济迅速发展，依托互联网平台就业的劳动者数量大幅增加。2021 年 5 月，人社部相关负责人在吹风会上表示，我国灵活就业人员规模达到 2 亿人。在灵活就业群体发展壮大的同时，党中央高度重视维护好新就业形态劳动者劳动保障权益。2020 年 5 月 23 日，全国政协经济界联组会指出，新就业形态领域当前最突出的就是新就业形态劳动者法律保障问题等。2020 年 11 月 24 日，全国劳动模范和先进工作者表彰大会强调，要适应新技术新业态新模式的迅猛发展，采取多种手段，维护好快递员、网约工、货车司机等就业群体的合法权益。

2021 年 7 月，市场监管总局等七部门联合印发《关于落实网络餐饮平台责任 切实维护外卖送餐员权益的指导意见》，对外卖送餐员的劳动收入、劳动安全、食品安全、社会保障、从业环境、组织建设、矛盾处置 7 个方面提出要求。紧接着，人社部等八部门共同印发《关于维护新就业形态劳动者劳动保障权益的指导意见》，中华全国总工会相关负责人解读：解决好新就业形态劳动者在工资收入、社会保障、劳动保护、职业培训、组织建设和精神文化需求等方面的困难和问题，是落实党中央决策部署的必然要求，是促进平台经济长期健康发展的必然要求，是工会履行好维权服务基本职责的必然要求。

随着这些政策的陆续出台，未来平台企业在用工方面将更加规范，如对劳务派遣单位进行监督、落实公平就业制度、健全最低工资和支付保障制度、完善休息制度、不得制定损害劳动者安全健康的考核指标，以及制定修订平台进入退出、订单分配、计件单价、抽成比例、报酬构成及支付、工作时间、奖惩等直接涉及劳动者权益的制度规则和平台算法等。

老年人"数字鸿沟"

随着我国老龄人口快速增长，不少老年人不会上网、不会使用智能手机，在日常的出行、就医、消费等场景中遇到不便，不能充分地享受智能化服务带来的便利，老年人面临的"数字鸿沟"问题日益凸显。应对人口老龄化和促进经济社会发展相结合，满足数量庞大的老年群众多方面需求，妥善解决人口老龄化带来的社会问题，事关国家发展全局，事关百姓福祉。

2020年，国务院办公厅印发《关于切实解决老年人运用智能技术困难实施方案》，针对老年人在使用智能设备方面遇到的各种问题，提出明确的解决办法。如何帮助老年人跨过"数字鸿沟"，共享数字信息发展的成果？国务院办公厅电子政务办公室主任卢向东表示，要坚持传统服务方式与智能化应用创新并行，"两条腿"走路。他解释："具体讲，就是'兜住底、能兼容'。'兜住底'，是指在鼓励推广新技术、新方式的同时，要保留老年人熟悉的传统服务方式。'能兼容'，具体是指服务提供的企业、服务提供的相关机构，要在软硬件设计上优化提升，使传统的方式和创新的方式双轨运行，充分兼顾到各类人群，特别是老年人的需要。"2020年，工业和信息化部、中国残疾人联合会印发《关于推进信息无障碍的指导意见》，聚焦老年人、残疾人、偏远地区居民、文化差异人群等信息无障碍重点受益群体，着重消除信息消费资费、终端设备、服务与应用三个方面的障碍。

"数字鸿沟"是互联网信息技术发展以来就不可回避的治理难题，企业破解老年人面临的"数字鸿沟"问题，也可以参照"两条腿"的思路来检视自身工作是否做到位或主动寻求新的商业机会：出行、就医、银行办事等高频事项和服务场景保留并改进传统服务方式，如新冠肺炎疫情期间，有条件的地区和场所要为不使用智能手机的老年人设立"无健康码通道";更加关注老年群体需求,开发适应老年群体的互联网产品和服务,如网约车平台针对老年人开发"一键叫车"功能;强化对老年群体系统性、科学性的数字化培训、教育和引导,如进社区开展老年人智能手机使用公益课程。

科技伦理

当前,人们享受着前所未有的科技发展红利,也面临着前所未有的科技伦理风险。基因编辑技术、人工智能技术、辅助生殖技术等前沿科技的迅猛发展在给人类带来巨大福祉的同时,也不断突破着人类的伦理底线和价值尺度。加强科技伦理制度化建设,推动科技伦理规范全球治理,已成为全社会的共同呼声。

2019 年 7 月 24 日召开的中央全面深化改革委员会第九次会议审议通过《国家科技伦理委员会组建方案》,科技伦理建设进入最高决策层视野,成为推进我国科技创新体系中的重要一环。同年 10 月,党的十九届四中全会《中共中央关于坚持和完善中国特色社会主义制度　推进国家治理体系和治理能力现代化若干重大问题的决定》提出,"健全科技伦理治理体制",将健全科技伦理治理体制作为国家治理体系的重要组成部分。在监管层面,互联网监管聚焦人工智能算法应用,算法滥用、算法推荐的治理被提上日程,《中华人民共和国数据安全法》要求数据活动和数据新技术应当"符合社会公德和伦理"。2021 年 7 月,科技部发布《关于加强科技伦理治理的指导意见(征求意见稿)》(以下简称《意见》),向社会公开征求意见。该《意见》明确了我国科技伦理治理的基本要求和科技伦理的基本原则,并对科技伦理治理体制、监管与审查做了规定。该《意见》明确"创新主体"指高等学校、科研机构、医疗卫生机构、企业等,应坚持"增进人类福祉""尊重生命权利""坚持公平公正""合理控制风险""保持公开透明"的伦理原则。特别要求从事生命科学、医学、人工智能等科技活动的机构,其研究内容涉及科技伦理敏感领域的,应设立科技伦理委员会。此外,还要求对科技人员加强科技伦理培训,开展负责任研究与创新。2021 年 9 月 25 日,国家新一代人工智能治理专业委员会正式发布《新一代人工智能伦理规范》，要求将伦理道德融入人工智能全生命周期。2021 年 11 月 1 日，我国首部专门针对个人信息保护的综合性法律《中华人民共和国个人信息保护法》正式实施，明令禁止"大数据杀熟"、个人信息过度收集等行为，并对大型互联网平台设定了特别的个人信息保护义务，如建立健全个人信息保护合规制度，成立主要由外部成员组成的独立机构对个人信息的保护情况进行监督，定期发布个人信息保护社会责任报告等。

对于科技企业，科技伦理是必须遵守的价值准则。2021 年 5 月，在旷视科技首次公开募股（IPO）过程中，上交所首次对科技伦理进行了问询，要求旷视科技披露公司在人工智能伦理方面的组织架构、核心原则、内部控制及执行情况。未来，科技企业应进一步探索将伦理原则付诸实践的机制、做法和工具等，包括开展业务自查、组建伦理审查委员会、开展伦理培训、制定伦理标准与认证等，将科技伦理融入公司治理和产品服务全生命周期。

科技伦理也是国际科技竞争的重要方面。据世界知识产权组织（WIPO）数据显示，2020 年我国科技企业在国际市场上所申请的专利数量同比增长 16.1%，排名全球第一，其中华为公司申请量已经连续 4 年排名全球第一。在特高压输电、高铁、核能发电、水电站建设、造桥隧道、5G、数字金融等领先世界的高科技领域内的科技企业，更应尽早制定和完善自身科技伦理治理机制，并参与国际科技伦理规则制定，助力中国成为负责任的科技大国。

第二章

证券交易所的 ESG 参与

ESG 视角下的全球性证券交易所行动

当今经济环境疲软，气候变化问题突出，新冠肺炎疫情还在全球蔓延，唤醒了投资者和企业对可持续发展的关注。证券交易所作为资本市场运行的中心环节，在 ESG 生态中扮演着特殊角色，通过加强 ESG 信息披露的规范性和约束性，引导上市公司增强信息透明度，不断提升管理水平，追求发展质量，从而获得更具韧性的可持续发展能力。

❖ 证券交易所的独特角色决定其 ESG 参与是大势所趋

证券交易所在社会中拥有独特的地位，连接着投资者、上市公司和中介机构等，发挥着服务证券交易、引导资金流向、提供丰富信息的职能，是 ESG 生态链中的关键一环。

证券交易所作为证券交易的重要场所，有责任制定交易规则来维护市场秩序。交易规则包含信息披露规则，这是投资者获取企业信息的保障。传统投资者对上市公司财务信息的关注使得企业更聚焦财务数字本身，而现在，责任投资概念兴起，投资者更倾向于以 ESG 的视角来评估一家企业。因此，证券交易所与时俱进，制定 ESG 信息披露规则，是满足投资者信息需求的必要举措。

证券交易所为资金的自由流动提供了方便，其行为会影响市场的资金流向。可持续发展理念盛行，"绿色"企业有急切的发展需求，因此对资金有更大的需求。证券交易所有责任引导资金流向可持续领域，服务符合条件的企业融资，从而发挥其对社会整体资源配置的导向性作用。

证券交易所汇集各行业投融资信息，是投资者获取前沿信息的重要平台。可持续金融产品的市场规模越来越大，投资者获取这方面信息的需求也就越来越大，因此证券交易所需要成为一个分享可持续相关理念的平台，通过咨询分享、宣贯培训等形式向投资者传递可持续相关前沿信息，发挥其信息门户的职能。

✦ 证券交易所 ESG 参与的方向与路径

证券交易所扮演着连接上市公司与投资者的特殊作用，并有责任引领可持续发展。基于这样的共同认知，全球众多证券交易所将采取共同行动，联合国可持续证券交易所倡议（United Nations Sustainable Stock Exchanges Initiative，SSE）应运而生。

SSE 由联合国贸易和发展会议（UNCTAD）、联合国全球契约组织（UNGC）、联合国环境规划署金融倡议组织（UNEP FI）及联合国支持的"负责任投资原则"组织（PRI）四方于 2009 年共同发起，旨在增强证券交易所之间的交流学习，增进证券交易所与各类市场主体的沟通合作，推广证券交易所在支持可持续发展方面的最佳实践等。截至 2022 年 6 月，已有 116 个证券交易所成为 SSE 的伙伴证券交易所（Partner Exchange）[①]。

SSE 的使命是提供一个全球平台，通过探索证券交易所与投资者、公司（发行人）、监管机构、政策制定者和相关国际组织的合作方式，提升证券交易所在 ESG 方面的表现，并鼓励可持续投资，包括为联合国 2030 年可持续发展目标（SDGs）提供资金。这也是全球众多证券交易所主动加入这一倡议的主要原因。

促进 ESG 信息披露的规范性

2015 年 9 月，SSE 对伙伴证券交易所发布《面向投资者披露 ESG 信息的示范指南》（*Model Guidance on Reporting ESG Information to Investors*，以下简称《示范指南》）。《示范指南》由近 90 个资本市场利益相关者组成的

---

① 来源于联合国可持续证券交易所倡议官方网站。

工作组共同开发，由伦敦证券交易所集团担任编制指南小组主席。当时，全球范围内证券交易所为其市场提供 ESG 信息披露的指引比例还不及 1/3[1]，与 SSE 的目标"让全球所有证券交易所为上市公司提供可持续发展报告的指导"相距甚远。SSE 编制的《示范指南》旨在通过提供模板来帮助证券交易所实现这一目标，各伙伴证券交易所可以使用该模型或模板来制定符合市场需求的自定义指南。截至 2022 年 6 月，SSE 追踪的 116 家证券交易所中已经有 65 家为其上市公司发布了 ESG 报告指南，总体完成进程达 56%[2]。

然而，大部分证券交易所发布的 ESG 披露指引并非强制，参考意义大于实施意义。截至 2022 年 6 月，SSE 追踪的 116 家证券交易所中仅有 31 家发布强制性的 ESG 上市要求，占总体的 26%[3]，远低于发布指引的证券交易所数量。为此，SSE 开展相关行动来帮助证券交易所督促企业对 ESG 披露指引进行实际落地，包括将触角伸向监管机构，通过《证券监管机构如何推动实现可持续发展目标》（*How Securities Regulators can Support the Sustainable Development Goals*），分享与可持续发展目标有关的先进规则设定，包括 13 个国家的信息披露规则，促使证券交易所用更高的标准督促上市公司进行 ESG 信息披露。

提供气候变化相关工作支持

气候变化带来的威胁，如极端天气频发、全球变暖等，正在直接或间接地影响着我们的生活。金融市场也不可避免地遭遇气候变化带来的蝴蝶效应，近年来气候变化风险已成为 ESG 管理中重要的议题之一。根据 SSE 统计数据显示，在追踪的 116 家证券交易所中，有 40 家证券交易所在 ESG 指引中关注气候相关财务信息披露工作组（TCFD）的建议，占总数的比例约三成。大多数上市公司缺乏证券交易所对其进行相关意识的引导和管理办法的规范。因此，证券交易所应采取相关措施，帮助企业积极迎接气候变化风险带来的挑战。

---

① 来源于上海证券交易所文章。
②③ 来源于联合国可持续证券交易所倡议官方网站。

SSE 于 2021 年发布《气候相关披露示范指南》(*Model Guidance on Climate Disclosure*，以下简称《指南》)，协助证券交易所指导其市场进行与气候相关的信息披露。该《指南》以金融稳定委员会（FSB）和气候相关财务信息披露工作组（TCFD）的建议为导向，提供证券交易所在指导发行人时可能使用的文本，以帮助企业适时进行气候相关的披露，适应与气候相关的市场投资需求。伦敦证券交易所果敢先行，于 2021 年 10 月推出面向上市公司的气候报告指引，这是第一家根据《气候相关披露示范指南》发布气候报告指南的证券交易所。该《指南》帮助上市公司将气候风险和机遇纳入披露框架和运营决策，促使其关注并报告碳绩效。另外，港交所对此也做出响应，于 2021 年 11 月发布《气候信息披露指引》，将 TCFD 的多个主要建议纳入 ESG 信息披露规定，针对管制架构、策略、风险管理和指标目标设定提出了更加具体的要求和需要披露的关键要素。

同年，SSE 还发布了《使市场适应气候变化的行动计划》(*Action Plan to Make Markets Climate Resilient*)。该文件提供了一个逻辑模式，即证券交易所如何通过自身行动来影响市场。由图 2-1 可知，有以下五个步骤：引导

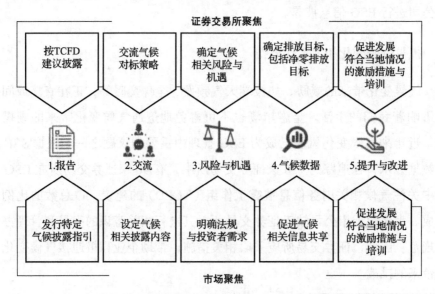

图 2-1 证券交易所气候相关行为对市场的影响

企业按照 TCFD 建议披露并发行特定气候披露指引、交流气候对标策略并设定气候相关披露内容、确定气候相关风险与机遇促使企业能明确法规与投资者需求、确定排放目标并促进气候相关信息共享、促进发展符合当地情况的激励措施与培训。其伙伴证券交易所可以灵活运用本文件逻辑，发挥证券交易所的作用，在气候变化领域以自身行动带动市场关注，激发企业在管理上做出调整。

孵化可持续相关金融产品

随着全球机构投资者逐渐在投资策略中将 ESG 理念纳入考量，证券交易所也在对投资者做出积极响应，布局 ESG 相关投资产品，便于投资者进行 ESG 投资。

气候债券倡议组织（Climate Bonds Initiative）发布的 2020 年《绿色债券财务调查》（*Green Bond Treasurer Survey*）显示（见表 2-1），在 2020 年以前发行 ESG 相关债券的证券交易所已有 17 家。传统的 ESG 债券的说法现在已经扩展到"GSSS"，即绿色、社会、可持续性及可持续发展挂钩债券，都属于宽泛意义上的绿色债券范畴。

表 2-1　2020 年《绿色债券财务调查》发行 ESG 相关债券的证券交易所

证券交易所	债券	发行时间
奥斯陆证券交易所	绿色债券	2015 年 1 月
斯德哥尔摩证券交易所	可持续债券	2015 年 6 月
伦敦证券交易所	绿色债券、社会债券、可持续债券	2015 年 7 月
上海证券交易所	绿色债券	2016 年 3 月
墨西哥证券交易所	绿色债券	2016 年 4 月
卢森堡证券交易所	绿色债券、社会债券、可持续债券	2016 年 9 月
意大利证券交易所	绿色债券、社会债券	2017 年 3 月
台北证券交易所	绿色债券	2017 年 5 月
南非证券交易所	绿色债券	2017 年 10 月
日本证券交易所	绿色债券、社会债券	2018 年 1 月

证券交易所	债券	发行时间
越南证券交易所	绿色债券、社会债券	2018 年 3 月
纳斯达克（北欧）交易所	可持续债券	2018 年 5 月
国际证券交易所	绿色债券	2018 年 11 月
法兰克福证券交易所	绿色债券	2018 年 11 月
莫斯科证券交易所	绿色债券、社会债券	2019 年 8 月
泛欧证券交易所	绿色债券	2019 年 11 月
纳斯达克可持续债券网络	绿色债券、社会债券、可持续债券	2019 年 12 月

2017 年，SSE 出台《证券交易所如何发展绿色金融》（*How Stock Exchanges can Grow Green Finance*）指引文件，就证券交易所如何推进绿色金融发展构建可自查的 4 板块 12 项细则行动计划清单，其中第 1 个板块为推广绿色产品和服务。据 SSE 统计，截至 2021 年 10 月，全球范围内已有 46 家证券交易所建立了 ESG 相关的债券板块。上交所、深交所同样在力推绿色金融产品，上交所于 2019 年创新开发国内首只可持续发展主题投资交易型开放式指数证券投资基金（Exchange Traded Fund）产品，深交所截至 2021 年 8 月已累计发行绿色相关金融产品体量超 600 亿元[①]。另外，国际上已有众多证券交易所先行推出了以绿色和 ESG 为主题的金融产品展示平台。其中，卢森堡行动最早，于 2016 年先行设立了"卢森堡绿色交易所（LGX）"，旨在向投资者展示以绿色和 ESG 为主题的金融产品，并通过对相关产品进行更严格的监察，为投资者提供投资策略。

⇛ 证券交易所 ESG 参与的多重价值

2019 年，SSE 发布《十年成效及进程报告》（以下简称《进程报告》）。《进程报告》显示，通过 SSE 对证券交易所在可持续领域的引导，包括开展

---

① 来源于网易官网文章。

6 场全球对话，与 200 多个组织结成研究伙伴，举行 53 场专业培训等举措，促进了全球范围内的证券交易所在近 10 年取得可持续发展相关绩效的增长。由图 2-2 可知，除了发布文件性指引的数量显著增长之外，在 ESG 专题培训、市场覆盖 ESG 指数、ESG 债券发行、发布自身可持续报告等方面的实践都有数量上的显著增长。SSE 不仅引导证券交易所在 ESG 参与方面有卓越成效，也取得了多重价值。

图 2-2　证券交易所可持续行动经验增长情况

推动上市公司进行更加规范的披露

SSE 力促伙伴交易所的上市公司按照国际通用框架来披露 ESG 信息，截至 2021 年 12 月，在披露指引中提及全球报告倡议组织（GRI）的证券交易所达 98%，可持续会计准则委员会（SASB）、国际综合报告委员会（IIRC）、全球环境信息研究中心（CDP）和气候相关财务信息披露工作组（TCFD）的比例均超过 50%，气候披露标准委员会（CDSB）为 37%[①]（见图 2-3）。在 SSE 跟踪的伙伴交易所中，强制披露指引出台前后上市公司按照国际标准披露差别最大的是南非约翰内斯堡证券交易所，上市公司根据国际通用框架披露 ESG 信息的比例从不足 10% 提升至超过 70%。

---

① 来源于文章 *ESG Guidance Database*。

维也纳证券交易所、都柏林泛欧证券交易所、西班牙 BME 交易所、伦敦证券交易所都有翻倍的提升 ①。

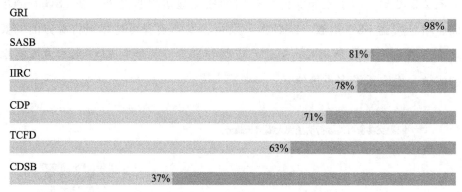

图 2-3　证券交易所指引文件报告参考框架

引导更多资金流向可持续领域

通过 SSE 的引导，截至 2021 年 12 月，拥有可持续发展债券上市部门的伙伴交易所达 43 家。以伦敦证券交易所为例，伦敦证券交易所打造可持续债券市场（SBM），并于 2020 可持续报告中披露了其孵化可持续相关金融产品的卓越绩效。截至 2020 年 12 月，共有 253 只可持续金融债券活跃在 SBM 市场，并吸引资金超过 524 亿英镑。另外，伦敦证券交易所还成立可持续债券市场咨询小组（SBMAG），为投资者提供可持续相关投资建议，发挥了证券交易所提供专业知识的职能，保障了可持续领域在长远的未来能持续吸引更多资金。

形成证券交易所互相进行 ESG 实践学习的工具

SSE 根据持续对证券交易所可持续相关实践的追踪，形成了三大数据库，展示了 96 个证券交易所在促进可持续商业和投资时间的关键活动，保存了超过 30 份证券交易所或监管机构发布的关于如何报告 ESG 信息的所有指导文件，系统统计了各证券交易所在促进性别平等方面的一系列数据等，

---

① 来源于文章 *The Effects of Mandatory Esg Disclosure Around the World*。

有利于证券交易所之间互相参考借鉴先进的 ESG 参与实践。

后疫情时代，市场仍将充满不确定性，但可以笃信的是，ESG 对资本市场的影响将日益凸显。证券交易所作为资本市场运行的中心环节，其 ESG 参与正在引导整个市场往更可持续的方向前进。值得期待的是，在下一个 10 年到来之际，证券交易所将通过更大程度的 ESG 参与，取得更令人瞩目的成效。

中国证券交易所 ESG 参与画像

全球证券交易所在联合国可持续证券交易所倡议组织（SSE）的引领下，积极成为 ESG 理念的践行者、贡献者和引领者。上交所、深交所、港交所作为 SSE 的伙伴交易所，积极响应 SSE 的各项倡议和文件要求，在 ESG 参与实践中展现出不同的参与特色。

❖ 中国证券交易所 ESG 参与程度概况

证券交易所作为企业的上市场所，从为交易股票制定上市标准和规则出发，旨在通过对上市公司进行规范与约束，保护投资者并维护市场的完整性。证券交易所对上市公司有各种财务和治理要求，并对上市公司进行实时监管，其中包括许多针对上市公司强制性财务披露的要求。然而随着全球投资者对 ESG 理念的关注度不断提升，全球的证券交易所开始对上市公司采用非财务的相关要求，积极进行 ESG 参与，包括信息披露与其他举措。

证券交易所 ESG 参与程度，可以依据监管手段和措施力度分为"弱""中""强"三个类别[1]。由表 2-2 可知，"弱"参与程度的举措，反映证券交易所 ESG 参与的意愿；"中"参与程度的举措，涉及证券交易所 ESG 参与的实质性行动；"强"参与程度的举措，关注证券交易所提出的更为细节和严格的要求[2]。

---

① 来源于纳斯达克官网文章 2019 *ESG Reporting Guide*。
② 来源于文章 *ESG Stock Report Carlyann Edwards*。

表 2-2 上交所、深交所和港交所 ESG 参与程度分析

证券交易所 ESG 参与程度				
参与程度	参与举措	上交所	深交所	港交所
弱	推广 ESG 最佳实践	√	√	√
	参与证券交易所 / 投资者对话	√	√	√
	加入工作组	√	√	√
	公开支持 ESG 框架	√	√	√
	提供奖励	×	×	×
中	构建利益相关方与公司对话	√	√	√
	开发指数和金融产品（绿色债券）	√	√	√
	制定自愿性 ESG 指引	√	√	*
	分层的披露建议	×	×	×
	不报告就解释	×	×	√
强	ESG 相关上市准则	×	×	√
	ESG 分层上市费用	×	×	×
	退市 / 除名 ESG 不合规企业	×	×	×
	公开 ESG 披露数据	×	×	√
	审计执法	×	×	√
	要求更精细的披露标准	×	×	×
* 港交所为强制性披露指引，故不涉及本参与举措				

　　上交所、深交所和港交所的 ESG 参与基本覆盖"弱"和"中"参与程度的举措。在"推广 ESG 最佳实践""参与证券交易所 / 投资者对话""加入工作组""公开支持 ESG 框架""构建利益相关方与公司对话""开发指数和金融产品（绿色债券）"6 项上，上交所、深交所和港交所均有所举措，如 SSE 的伙伴交易所、在相关文件中公开支持 ESG 框架、有针对企业的 ESG 网络培训、有专门的平台与投资者进行沟通、开发网络平台促进利益相关方与上市公司对话、有相应的金融产品（如绿色债券等）。

　　上交所和深交所对 ESG 的参与举措全部落在"弱"与"中"之间，皆无"强"参与实践。而港交所在"强"参与程度的举措上达到 3 项，包括其

披露指引中有 ESG 相关上市准则，要求上市公司公开 ESG 披露数据，并且提倡上市公司寻求独立审计验证，交易所加强监管执法，以加强所披露的环境、社会及管治资料的可信性。

◈ 披露要求具有"渐进"的强制性

港交所对 ESG 信息披露有强制性要求，规定"不披露就解释"，且其强制性呈现出"渐进"的鲜明特点。

2012 年，港交所首次发布了《环境、社会及管治报告指引》（以下简称《指引》），当时的《指引》属于自愿信息披露，发行人有一定程度的自主性，包括可自行阐释计算关键绩效指标的方法，并载列诠释关键绩效指标所需的数据。此为港交所的 ESG 信息披露方面的开山之举。

2016 年，港交所将《指引》中主要范畴 A "环境"关键绩效指标的披露要求提升至"不遵守就解释"，此举确定了港交所 ESG 信息披露指引正式步入"强制性"轨道。

2019 年，港交所发布新版指引，进一步扩大强制披露的范围，将披露建议全面调整为"不遵守就解释"，标志着港交所 ESG 信息披露指引已达到完全强制的标准。

港交所 ESG 信息披露指引具有很明显的"渐进"强制性，即不仅有从自愿到强制的过程，强制披露的内容上也在逐渐拓宽。而"渐进"强制性也给企业预留了一定的准备时间，让企业能够在信息披露规定的推移中逐步改善自身 ESG 管理水平。

另外，港交所 ESG 信息披露指引的不断强化也离不开其他部门的配合，如 2014 年香港政府发布《公司条例》，要求所有港股上市公司披露 ESG 相关信息，此举虽不是证券交易所方面的相关行动，却为港交所上市公司敲响警钟——披露 ESG 信息备受各方重视。此举也为后续证券交易所的强制性披露规定做了很好的铺垫。

⊕ 紧贴气候相关议题，加强气候相关披露要求

气候变化对各行各业都会造成不同程度的风险和影响，近年来已成为 ESG 管理中重要的议题之一。2021 年 11 月，港交所发布《气候信息披露指引》，将 TCFD 的多个主要建议纳入 ESG 信息披露规定，针对管治架构、策略、风险管理和指标目标设定提出了更加具体的要求和需要披露的关键要素[①]。

该指引要求上市公司按照相应的框架识别和应对已经影响或可能将影响其业务的重大气候相关事宜，并进行披露。通过此次发布的《气候信息披露指引》，港交所希望帮助其上市公司通过更加科学的方法识别运营中存在的气候变化风险与挑战，并积极应对，避免损失。但需要认识到的现状是，该指引的 8 个实施步骤要求上市公司投入更多资源对气候风险进行有效管控，这将是今后所有上市公司不得不面临的一项重大挑战。

聚焦上交所，上交所在加强推进上市公司碳相关披露方面得到上海市人民政府的支持。2021 年 10 月，上海市人民政府印发《上海加快打造国际绿色金融枢纽服务碳达峰碳中和目标的实施意见》（以下简称《实施意见》）。《实施意见》提出，通过社会责任报告、企业公告、绿色金融年度报告等形式，鼓励上市公司加强绿色信息披露[②]。同时，《实施意见》支持上交所研究推进上市公司碳排放信息披露，支持上交所开发碳价格相关指数。此举意味着上交所在推动上市公司进行气候相关的信息披露上得到政府的支持，上交所上市公司应提前参考国际气候相关的披露框架，以更好地适应未来相关披露要求。

⊕ 健全可持续相关债券规则体系，优化可持续相关债券发行审批流程

上交所、深交所持续完善绿色债券规则体系。早在 2016 年 3—4 月，上

---

① 来源于港交所官网新闻 *Regulatory Announcements*。
② 来源于上海市人民政府网站。

交所和深交所分别发布《关于开展绿色公司债券试点的通知》，均从绿色产业项目界定、募集资金投向、存续期间资金管理、信息披露和独立机构评估等方面对绿色公司债券的发行进行了规范，标志着绿色公司债券进入交易所债市通道正式开启。

2020 年，上交所发布《上海证券交易所公司债券发行上市审核规则使用指引第 2 号——特定品种公司债券》，深交所发布《深圳证券交易所公司债券创新品种业务指引第 1 号——绿色公司债券》等其他创新品种债券指引，并于 2021 年 7 月，两家交易所分别对 2020 年版的指引进行修订，发布 2021 年版的特定品种公司债券上市指引。2021 年版的特定品种公司债券上市指引进一步强化约束绿色债券募集资金用途，确保募集资金用于绿色产业领域。另外，新增"碳中和绿色债券""蓝色债券"等绿色债券的子品种的募集资金用途及信息披露要求指引。同时，2021 年新版指引中明确鼓励发行人对绿色公司债券的条款创新，积极发挥市场力量，共同推进绿色金融产品创新。

除了完善绿色债券相关的指引，上交所还不断优化绿色债券、绿色资产支持流程，包括开辟绿色债券审核及挂牌绿色通道，以及实行"即报即审、专人专审"制度；深交所也为绿色债券的审核开辟了绿色通道，加速完成相关绿色债券从审批到发行全过程，为企业发行绿色债券提供便利。

企业应紧跟绿色债券相关发行新规，明确绿色债券募集资金用途并满足其他合规要求。另外，充分利用"鼓励发行人对绿色公司债券的条款创新"相应规则，如上交所和深交所在新版规则指引中明确"鼓励绿色公司债券发行人设置与自身整体碳减排等环境效益目标达成情况挂钩的创新债券条款"，让更多的企业可以切实解决其在绿色领域存在的资金缺口和难题。

⇛ 积极推动"绿版"交易所上线，构建绿色信息平台

上交所、深交所不仅积极开发 ESG 相关指数和金融产品，同时通过深化国际合作，积极推动绿色证券的创新与发展，促进绿色债券信息互通。早在 2017 年 9 月，上交所与卢森堡交易所签署了加强绿色债券领域合作备忘

录附录，在绿色债券方面开展信息合作达成意向。2018 年 6 月，两交易所签署"绿色债券信息通"合作协议，在卢森堡交易所平台展示上交所挂牌的绿色债券信息[1]。截至 2019 年 2 月，已有 19 只上交所挂牌绿色债券在卢森堡交易所展示。[2]深交所与卢森堡交易所有相似合作，2013 年双方签订加强绿色债券领域合作谅解备忘录，2019 年正式启动"绿色固定收益产品信息通"，通过卢森堡交易所官方网站展示深交所绿色公司债券和绿色资产证券化产品相关信息。[3]

港交所同样在积极推动"绿版"交易所上线。2020 年 12 月，港交所打造亚洲首个可持续金融咨询平台——可持续及绿色交易所（STAGE）。STAGE 通过提供可持续及影响力投资方面的完整网上资料库，为发行人推广其不同资产类别中符合可持续及绿色标准的金融产品提供支持。同时，通过为投资者及资产管理人提供方便的资讯渠道，有助于其进行可持续及绿色投资方面的尽职审查、挑选及监察相关产品。另外 STAGE 在所在区域发挥了其特殊作用，平台推出初期，就涵盖 29 只由亚洲领先企业发行的可持续金融产品，公开支持亚洲区域内的可持续及绿色项目，希望以此举引领亚洲绿色金融发展。

证券交易所充分发挥其信息门户的职能，而对于上市公司来说，应充分利用证券交易所搭建的绿色信息平台，对符合要求的产品进行展示，畅通海内外相关投资者对其产品的了解渠道，满足投资者对投资产品的信息需求。

在资本市场国际化的影响下，ESG 相关的政策制度和评级体系将持续完善，中国的证券交易所也应不断提升其 ESG 参与程度，并加强相互协作，发挥好证券交易所的职能。通过加深 ESG 参与的广度和深度，借鉴、引入全球其他证券交易所的经验，从而推进 ESG 在中国进一步的发展。企业则应该积极适应证券交易所 ESG 相关新规，充分利用证券交易所的鼓励支持措施，不断提高 ESG 管理水平，焕发企业可持续发展活力。

---

[1] 来源于证券日报网文章。

[2] 来源于上海交易所文章《博鳌论坛见证绿色金融合作新成果——上交所与卢交所绿色债券信息通开启新篇章》。

[3] 来源于深圳交易所文章《深交所与卢森堡证券交易所启动"绿色固定收益产品信息通"》。

第三章

CHAPTER 3

ESG 与其他标准指南的
关系图谱

GRI 的 ESG 影响力

全球报告倡议组织（Global Reporting Initiative，GRI）成立于 1997 年，由美国非政府组织对环境负责的经济体联盟（CERES）和联合国环境规划署（UNEP）共同发起，其最初目的是建立一个指导性框架，保证和帮助企业在框架下生产出更环保的产品。2000 年，GRI 发布了第一份《可持续发展报告指南》，通过规范企业或组织披露信息的范围和程序，提高可持续发展报告的质量、严谨度和实用性。在此之后，GRI 于 2002 年发布了第二代《可持续发展报告指南》（以下简称 G2）、2006 年发布了第三代《可持续发展报告指南》（以下简称 G3）、2011 年于 G3 的基础上发布了《可持续发展报告指南》（以下简称 G3.1）、2013 年发布了第四代《可持续发展报告指南》（以下简称 G4），分别对《可持续发展报告指南》进行了多次的修订和完善。2016 年，《GRI 标准》（2016 版）正式发布，延续了 G4 的关键概念和披露项，但采取了全新的模块化结构，并于 2021 年进行了修订，形成《GRI 标准》（2021 版）。

《GRI 标准》已发展成为企业或组织编制可持续发展报告最重要的参考框架之一。根据《金蜜蜂中国企业社会责任报告研究 2021》统计，截至 2021 年 10 月 31 日，通过网络查询、企业主动寄送、企业官方网站下载等渠道，共收集各类社会责任报告 1940 份，最终有 1802 份企业社会责任报告被纳入评估。其中，将《GRI 标准》作为编制依据的比例达到 31.63%，仅次于港交所《ESG 报告指引》的 37.24%，且与 2010 年相比，增长了 15.54 个百分点。毕马威" *The Time has come：The KPMG Survey of Sustainability Reporting* 2020"的统计数据显示，2020 年，N100 企业（52 个国家和地区收入排名前 100 的企业，共 5200 家）中有约 2/3 使用了《GRI 标准》，G250 企业（2019 年《财富》世界 500 强企业排名榜单中按销售额计算的前 250 位）中有约 3/4 使用了《GRI 标准》。可以这么理解，《GRI 标准》已成为全球企业应用最广泛的可持续发展报告编制标准和框架。随着 ESG 的兴起，已经习惯使用《GRI 标准》的企业纷纷开始思考：《GRI 标准》能给企业 ESG 管理带来哪些价值？企业如何做才能有效获取价值？不可否认，《GRI 标准》和 ESG 之间具有明显的关联性，表 3-1 展示了《GRI 标准》与 ESG 的整体关联。

表 3-1　《GRI 标准》与 ESG 的整体关联

标准＼属性	内涵及目的	性质	出发点	面向群体
《GRI 标准》	《GRI 标准》旨在提供一个普遍为人们所接受的可持续发展报告框架，通过可持续发展报告提供的信息，便于内部和外部利益相关方就该组织对可持续发展目标的贡献形成意见，并做出明智的决策	非财务信息的披露标准	公共利益视角	兼顾所有利益相关方
ESG	ESG 概念起源于责任投资，通过将环境（E）、社会（S）、公司治理（G）纳入投资分析，评估企业运营的可持续性和社会影响，目的是获得稳定的长期收益	非财务绩效的投资理念和企业评价标准	投资者评估视角	主要面向投资者

✤ 应用《GRI 标准》，掌握 ESG 信息披露的密码

更实质地披露

2019 年 12 月 18 日，港交所发布了新版的《ESG 报告指引》，对环境范畴的指标提出了披露"目标及为达到这些目标所采取的步骤"的新要求。显然，港交所不希望 ESG 报告成为一种流于形式的敷衍，而是希望通过 ESG 信息披露来推动企业对于相关议题的实质性反思，并通过目标管理的方式使相关举措真正落到实处。那么企业应该如何进行该类指标的披露，以充分响应港交所的上市要求呢？《GRI 标准》给出了明确的思路和方法。由表 3-2 可知，

表 3-2　关键绩效指标 A1.5 在港交所《ESG 报告指引》(及其附录文件) 和
《GRI 标准》(2016 版) 中的指标原文表述及部分指标解读信息概览

标准 事项	港交所 《ESG 报告指引》	《GRI 标准》
指标原文	关键绩效指标 A1.5：描述所订立的排放量目标及为达到这些目标所采取的步骤	披露项 103-2：管理方法及其组成部分 披露项 305 的报告要求 1.2：在报告温室气体排放目标时，报告组织应说明是否使用了抵消来达到这些目标，包括抵消所属的类型、数量、标准或机制 披露项 305-5：温室气体减排量
部分指标解读信息摘录		**关于目标**
	发行人应披露如下资料（如适用）： ● 基线及背景 ● 所包括实体的范围及位置 ● 预期结果及达成时间表 ● 属自愿还是强制（即有法例规定），如属强制，列明相关法例	报告组织宜提供以下信息： ● 目的和目标的基线及背景 ● 目的和目标中所涉实体的范围和位置 ● 预期结果（定量或定性） ● 实现每个目的和目标的预期时间表 ● 目的和目标是出于强制（基于法规）还是出于自愿，如果具有强制性，组织宜列出相关法规
		关于行动
	发行人应披露：为达致目标所采取的行动——摘自《如何准备环境、社会及管治报告附录二：环境关键绩效指标汇报指引》	报告组织宜说明： ● 每项行动所涉实体的范围及其位置 ● 行动具有临时性还是具有系统性 ● 行动是短期、中期还是长期的 ● 如何确定行动的轻重缓急 ● 行动是否尽职调查过程的一部分，并且旨在避免、减轻或补救与该议题相关的负面影响 ● 行动是否考虑了国际准则或标准 ● 排除因产能下降或外包实现的减排 ● 使用库存或项目方法来说明减排 ● 计算一项举措的温室气体减排总量，将其作为相关主要影响与任何重大次要影响之和 ● 如果报告两种或更多的范畴类型，分别报告每种范畴的减排 ● 单独报告因抵消实现的减排

以关键绩效指标 A1.5 "描述所订立的排放量目标及为达到这些目标所采取的步骤"为例，《GRI 标准》与港交所《ESG 报告指引》在"目标"的披露要

求上是一致的，但在"行动"方面，《GRI 标准》关于"行动具有临时性还是具有系统性""排除因产能下降或外包实现的减排"等的要求更为清晰地展示了企业是如何针对目标开展有步骤、有计划地管控。这些信息的披露正是港交所修订此关键绩效指标的初衷。与此同时，《GRI 标准》在 ESG 信息披露范围、内容及相关数据的使用目的、使用方法、质保方法，以及展示或报告方法上尽可能做到了统一，且给出的指标引导十分详细、可量化程度高，填补了 ESG 信息披露标准缺失的空白，能有效提升企业的 ESG 信息披露质量。[①]

更全面地披露

《GRI 标准》覆盖了 ESG 的全部范畴，在环境、社会和公司治理三方面均包含详细的管理议题和管理内容，参照《GRI 标准》可以向利益相关方提供企业可持续发展相关的集中、全面和可信的信息。表 3-3 根据全球可持续发展标准委员会（GSSB）于 2020 年 7 月发布的 "*Linking the GRI Standards and HKEX ESG Reporting Guide*" 英文版翻译而来。由表 3-3 可知，企业可以从港交所《ESG 报告指引》视角出发，与《GRI 标准》进行系统对比，一方面可以加深对港交所《ESG 报告指引》内涵及要求的理解，另一方面可以了解在满足港交所《ESG 报告指引》的前提下，还能在哪些方面更好地进行信息披露。

表 3-3　港交所《ESG 报告指引》与《GRI 标准》的对标
（以"公司治理（G）"部分为例）

港交所 《ESG 报告指引》	《GRI 标准》
A 部分：引言	
整体方针：第 7 段	GRI 101：基础 第 1.1 条（利益相关方的包容性原则） 第 1.3 条（实质性原则）

---

① 来源于文章 *Linking the GRI Standards and HKEX ESG Reporting Guide*。

续表

港交所《ESG 报告指引》	《GRI 标准》
整体方针：第 7 段	第 2.1 条（运用报告原则） GRI 102：一般披露项，如披露项 102-40、102-42、102-43和 102-44
整体方针：第 8 段	GRI 101：基础 第 2.3.1 条（确定实质性议题及其边界） 第 2.5.3 条（报告实质性议题）
整体方针：第 9 段	GRI 102：一般披露项，如披露项 102-56
整体方针：第 10 段	GRI 102：一般披露项，如披露项 102-26 和 102-32
汇报原则：第 11 段	GRI 101：基础 第 1.3 条（实质性原则） 第 1.6 条（平衡性原则） 第 1.8 条（可比性原则）
B 部分：强制披露规定	
管治架构 13	GRI 102：一般披露项，如披露项 102-14、102-15、102-29、102-30 和 102-31 GRI 103：管理方法，如披露项 103-1、103-2 和 103-3
汇报原则 14	GRI 102：一般披露项，如披露项 102-40、102-42、102-43、102-44 和 102-47 GRI 101：基础，如第 1.8 条（可比性原则）
汇报范围 15	GRI 102：一般披露项，如披露项 102-45 和 102-49

更灵活地披露

《GRI 标准》的价值并不限于具体的披露内容，对于整体披露工作的应用价值也很高。首先，《GRI 标准》在形式上和内容上极具兼容性，其模块化的结构使得不同主题、不同行业既可以独立使用，也可以组合形成更加复杂和完整的 ESG 报告，使用《GRI 标准》进行 ESG 报告编制很容易满足不同的 ESG 信息披露要求。表 3-4 同样根据 "*Linking the GRI Standards and HKEX ESG Reporting Guide*" 给出的港交所《ESG 报告指引》与《GRI 标准》的对应关系整理而来。根据表 3-4，企业可以从《GRI 标准》的视角出发，清晰了解满足港交所《ESG 报告指引》的哪些信息可以作为应用《GRI 标准》的可持续发展报告内容和数据直接输入，从而减少大量的重复工作。

表 3-4 《GRI 标准》与港交所《ESG 报告指引》的对标
（以"雇佣及劳工常规"类专项议题为例）

《GRI 标准》	港交所《ESG 报告指引》
401 雇佣	一般披露项 B1、关键绩效指标 B1.2
402 劳资关系	—
403 职业健康与安全	一般披露项 B2、关键绩效指标 B2.1、关键绩效指标 B2.2、关键绩效指标 B2.3
404 培训与教育	一般披露项 B3、关键绩效指标 B3.2
405 多元化与平等关系	一般披露项 B1、关键绩效指标 B1.1
406 反歧视	一般披露项 B1
407 结社自由与集体谈判	—
408 童工	一般披露项 B4、关键绩效指标 B4.1、关键绩效指标 B4.2
409 强迫与强制劳动	一般披露项 B4、关键绩效指标 B4.1、关键绩效指标 B4.2

更有效地披露

从披露的效果来看，由于《GRI 标准》在全球范围内被广泛认可和应用，加上其要求企业在 ESG 报告中加入内容索引，确保了获取 ESG 相关信息的方便性，有效降低了评级分析师和投资者错过关键信息的风险。CSR Hub 是全球最大的 ESG 及可持续发展评级和信息平台，对全球 140 多个国家的上市公司及各行业的企业社会责任表现进行评估，因其具有可信度高、连续性强的特点，受到主流金融和战略管理领域研究者的青睐。CSR Hub 指出，使用《GRI 标准》组织报告的企业在可持续性评级上的表现优于不采用《GRI 标准》的企业，CSR Hub 的评级结果由 565 个不同的评级源输入得出，使用《GRI 标准》的方法与否与企业在各种不同的评级方法中的优势程度之间存在很强的相关性。

✦ 应用《GRI 标准》，定位 ESG 管理"什么最重要"

广泛适用的分析矩阵

面对众多的 ESG 议题，企业不可能在每一方面都投入足够的资源和行动。正如《GRI 标准》从报告编制角度所说：一个组织面临可报告的各种议题，但并非所有的议题都同等重要，实质性议题就是那些足够重要、能够影响报告使用群体做出决策、值得列入报告的议题。因此，实质性议题识别是企业开展 ESG 管理的核心。那么，企业应该如何开展实质性议题识别？《GRI 标准》（2016 版）提供了分析工具，企业可以通过实质性议题分析矩阵（见图 3-1）的两个维度来确定实质性议题，一是组织的经济、环境和社会影响的重要性，二是议题对利益相关方的评估和决策的影响，只根据其中一个维度就可能成为实质性议题。《GRI 标准》的实质性议题分析方法已得到广泛应用，如港交所《ESG 报告指引》附录指出实质性议题识别可以参考《GRI 标准》，评级机构 Sustainalytics 也参考《GRI 标准》来评估实质性议题等。

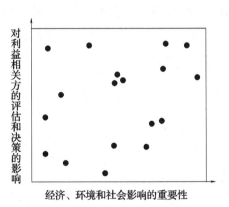

图 3-1　GRI 推荐的实质性议题分析矩阵

更大、更远的分析视角

在实际操作时，大部分企业面临着同一个"不完美"的结果，即聚焦财务视角，考虑短期效益，仅重视那些影响企业财务表现的经济议题，从而导致实质性议题的识别不全面与不完整。针对此种情况，GRI 于 2021 年 5 月 31 日在官网发布了《双重重要性：概念、应用与议题》，引入了"双重重要性"的概念，并在《GRI 标准》（2021 版）中对其进行了明确。"双重重要性"要求企业在识别实质性议题时，应同时关注"财务重要性"和"影响重要性"，前者指影响企业财务和商业价值的议题，后者指企业对社会、环境和人造成影响的议题[①]。这一要求使得那些短期来看不会对企业财务和商业价值造成重大影响，但会对社会、环境和人造成影响的议题也一并被重视起来。因为从长远来看，企业的活动和商业关系对经济、环境和人造成的大部分影响最终也将成为企业财务上的重大问题。

以气候变化议题为例，在相关的法律法规、ESG 管理要求等出台之前，大量使用化石能源并不会对企业财务造成重大影响，但会导致气候变化。如果企业并未将其作为实质性议题识别出来，随着社会的不断发展及气候变化议题全球司法化进程的不断加快，大量使用化石能源可能会增加成本，进而影响企业正常运营，甚至导致商业声誉受损。

因此，应用《GRI 标准》能够帮助企业以更可持续的思维来识别实质性议题。一方面，帮助企业跳出财务视角，从"价值视角"或者"最大视角"来理解实质性议题（见图 3-2）；另一方面，也有效推动了企业从仅考虑短期经济利益向追求远期综合价值转型。

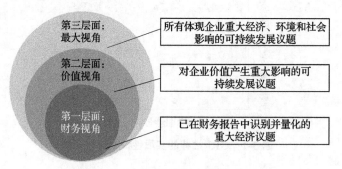

图 3-2 从不同视角理解实质性议题[②]

①② 来源于何馨吾：双重重要性｜GRI 可持续发展报告标准新动向。

❖ 应用《GRI 标准》，找准 ESG 议题管理的方向

　　港交所明确提出，《ESG 报告指引》只列出了 ESG 汇报的最低要求。而《GRI 标准》一方面包含更全面的管理议题和管理内容，另一方面由于其给出的指标引导十分详细、可量化程度高，对于企业开展 ESG 议题管理的指导性更强。除此之外，《GRI 标准》是当前全球使用最广泛的 ESG 报告标准，且要求企业以透明化和高可比性的方式对相关信息进行识别、收集和报告，使得全球不同企业间 ESG 议题管理水平的对比成为可能。企业可以参照行业内或行业外的一流企业进行对标分析，通过不断追赶和超越，实现企业 ESG 议题管理的跨越式发展。

　　以"生物多样性"议题为例，2021 年 10 月 11 日至 15 日，随着联合国《生物多样性公约》缔约方大会第十五次会议（COP15）第一阶段会议在昆明顺利召开，"生物多样性"议题上升到了新高度，也使得生物多样性最有可能成为金融市场政策与监管的下一个前沿领域。但在当前的 ESG 管理和投资中，生物多样性一直未得到足够的关注。以港交所的《ESG 报告指引》为例，对"生物多样性"议题的关注体现在"披露层面 A3：环境及天然资源"，但除了在附录文件中提出"例如生物多样性"的字眼外，并未强制要求企业对生物多样性信息进行披露，更未说明企业应该如何进行披露。那么企业可以忽略"生物多样性"议题的管理吗？答案自然是否定的，尤其是那些深度依赖于良好的生态环境和充足的自然资源进行可持续发展的企业，开展"生物多样性"议题管理已刻不容缓。

　　企业应该如何开展"生物多样性"议题管理？《GRI 标准》给出了回答。《GRI 标准》将"生物多样性"议题细分为 4 个披露项，并详细说明了企业应该从哪些角度来识别其活动对生物多样性带来的影响，企业活动、产品和服务对生物多样性的重大影响源有哪些，如何识别这些影响，应该对哪些物种进行格外关注等。而这些内容，为企业开展"生物多样性"议题管理提供了有效路径。一方面，企业可以借鉴各披露项的具体要求开展 ESG 价值分析，推动企业上下对"生物多样性"议题管理达成共识；另一方面，企业可

以进一步梳理出管理要点、确定责任部门，逐步推动"生物多样性"议题的管理要求融入企业运营决策、业务管理和职能管理等各个方面（见表 3-5）。在此基础上，企业也可以学习和借鉴在生物多样性保护方面较为前沿的内蒙古伊利实业集团股份有限公司的管理和实践经验，快速提升自身在保护生物多样性方面的能力和水平（见图 3-3）。

表 3-5　参照《GRI 标准》开展"生物多样性"议题管理

4 个披露项	披露要求	ESG 价值分析	管理要点	责任部门
披露项 304-1：组织所拥有、租赁，以及在位于或邻近于保护区和保护区外生物多样性丰富区域管理的运营点	报告组织应报告以下信息： a.对于组织所拥有、租赁，以及在位于或邻近于保护区和保护区外的生物多样性丰富区域管理的每个运营点，报告如下信息： i.地理位置 ii.可能由组织拥有、租赁或管理的地表和地下土地 iii.与保护区（在区域内、与之毗邻或含有部分保护区）或保护区外生物多样性丰富区域有关的位置 iv.经营类型（办公、制造、生产或采掘） v.经营场地的规模，以平方千米表示（如适用，或以另一种单位表示） vi.以保护区或保护区外生物多样性丰富区域（陆地、淡水或海洋生态系统）的属性为特征的生物多样性价值 vii.以受保护状态名录（如国际自然保护联盟（IUCN）保护区管理类别、拉姆萨尔公约、国家法规）为特征的生物多样性价值	● 良好的生态环境和充足的自然资源是企业发展的基础和条件，企业发展不足或增长方式不当是造成环境污染、资源枯竭、生态破坏的重要原因	● 识别生物多样性丰富区域管理的运营点 ● 分析运营点经营性质 ● 评估运营点生物多样性价值	例如，安全环保部

续表

4 个披露项	披露要求	ESG 价值分析	管理要点	责任部门
披露项 304-2：活动、产品和服务对生物多样性的重大影响	报告组织应报告如下信息： a. 在以下的一个或多个方面，对生物多样性的重大直接和间接影响的性质： i. 制造厂、矿山和运输基础设施的建造或使用 ii. 污染（从点源和非点源引进栖息地的非天然的物质） iii. 引进入侵物种、害虫和病原体 iv. 物种减少 v. 栖息地转变 vi. 自然变化范围之外的生态过程变化（如盐度或地下水位变化） b. 在以下方面的重大直接和间接的正面和负面影响： i. 受影响的物种 ii. 受影响区域的范围 iii. 影响持续时间 iv. 影响的可逆性或不可逆性	● 企业应维护环境及天然资源的生态平衡，保障发展的可持续性，加强对环境和天然资源的重视，深化自然环境和资源的保护，降低相关风险，优化业务运行、增强外部利益相关方对环境表现的价值认同	● 识别活动、产品和服务对生物多样性的重大影响源 ● 分析活动、产品和服务对生物多样性造成的影响 ● 对影响进行管理	例如，安全环保部
披露项 304-3：受保护或经修复的栖息地	报告组织应报告以下信息： a. 所有受保护或经修复的栖息地区域的规模和位置，以及修复措施的成功是否得到或得到过独立的外部专业人士的核准 b. 是否与第三方存在合作关系，以保护或修复不同于组织已监督并实施修复或保护措施的栖息地区域 c. 报告期结束时各区域的状况 d. 使用的标准、方法和假设	● 对保护区和保护区外生物多样性丰富区域及濒危物种进行监测，能够降低企业对生物多样性产生影响的风险，同时减少企业	● 识别栖息地区域 ● 实施监视栖息地区域状况 ● 管控修复及保护措施效果	例如，安全环保部

续表

4 个披露项	披露要求	ESG 价值分析	管理要点	责任部门
披露项 304-4：受运营影响区域的栖息地中已被列入国际自然保护联盟（IUCN）红色名录及国家保护名册的物种	报告组织应报告以下信息： a. 受组织运营影响的栖息地中已被列入国际自然保护联盟（IUCN）红色名录及国家保护名册的物种总数，按灭绝风险程度分类： i. 极危 ii. 濒危 iii. 易危 iv. 近危 v. 无危	管理对生物多样性的影响，并避免管理不善造成的负面影响	• 识别需重点保护的物种 • 开展保护并管控管理过程及效果	例如，安全环保部

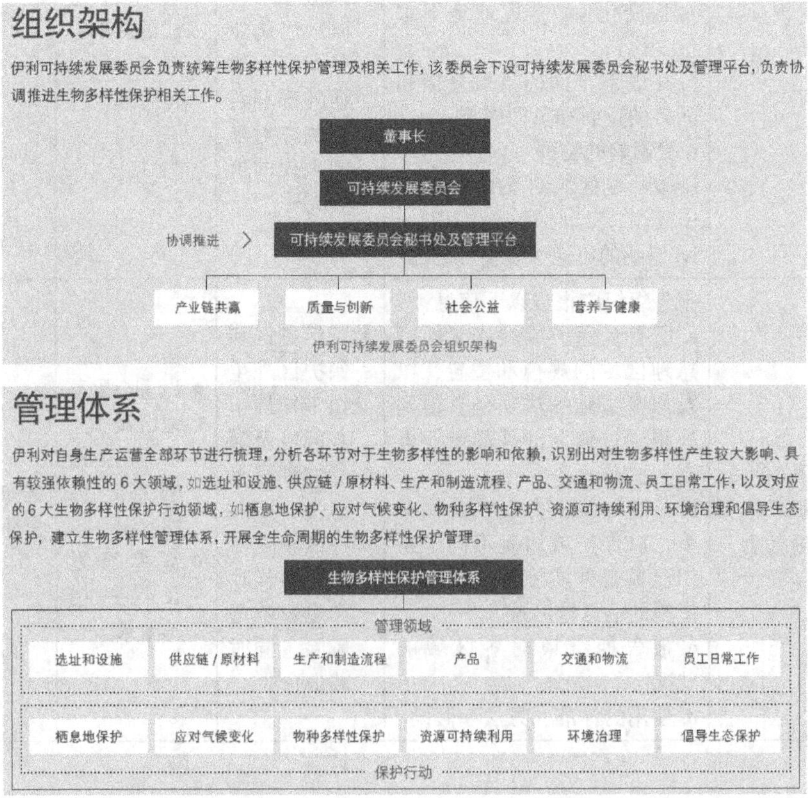
组织架构
伊利可持续发展委员会负责统筹生物多样性保护管理及相关工作，该委员会下设可持续发展委员会秘书处及管理平台，负责协调推进生物多样性保护相关工作。
董事长
可持续发展委员会
协调推进
可持续发展委员会秘书处及管理平台
产业链共赢
质量与创新
社会公益
营养与健康
伊利可持续发展委员会组织架构
管理体系
伊利对自身生产运营全部环节进行梳理，分析各环节对于生物多样性的影响和依赖，识别出对生物多样性产生较大影响、具有较强依赖性的 6 大领域，如选址和设施、供应链 / 原材料、生产和制造流程、产品、交通和物流、员工日常工作，以及对应的 6 大生物多样性保护行动领域，如栖息地保护、应对气候变化、物种多样性保护、资源可持续利用、环境治理和倡导生态保护，建立生物多样性管理体系，开展全生命周期的生物多样性保护管理。
生物多样性保护管理体系
管理领域
选址和设施
供应链 / 原材料
生产和制造流程
产品
交通和物流
员工日常工作
栖息地保护
应对气候变化
物种多样性保护
资源可持续利用
环境治理
倡导生态保护
保护行动

图 3-3　内蒙古伊利实业集团股份有限公司生物多样性保护组织架构和管理体系

　　GRI 主席 Eric Hespenheide 提出："GRI 为各组织提供了一种全球通用的语言，以全面和一致的方式交流他们对人类和地球的影响——这种语言回应了所有利益相关方的需要且任何组织都能够清晰地了解他们如何为可持续发展做出贡献。"而在 ESG 发展的时代大潮下，GRI 依然发挥着强大的影响力，服务企业深度思考 ESG "管理什么""如何管理""如何披露"，助推企业在资本市场上乘风破浪、勇立潮头！

瞄准可持续发展目标的 ESG

2015 年 9 月 25 日，联合国 193 个成员国的领导人在联合国峰会上通过《2030 年可持续发展议程》，该议程涵盖 17 个可持续发展目标、169 项具体目标和超过 240 个指标，旨在到 2030 年，以综合方式考量和解决经济、社会和环境三个维度的发展问题，为可持续发展勾勒美好蓝图。中国发布落实 2030 年议程的国别方案及进展报告，并将落实工作同国家中长期发展战略有机结合。

作为全人类共同的发展目标，SDGs 是全球公认的可持续发展框架，提供了共同的话语体系，政府、企业、非营利组织及投资者可以通过这种共识的观念和话语就共同关心的问题进行沟通和合作。以企业为例，联合国开发计划署 2020 年 7 月发布的一份调查结果显示，89% 的中国企业了解 SDGs，69% 的中国企业公开提及 SDGs，企业已经认识并关注 SDGs 与商业活动存在广泛的联系。

SDGs 与 ESG 的关联主要体现在三个方面，一是从结果和过程来看，SDGs 代表目标，是全球可持续发展的共同愿景，ESG 代表方法和流程，是评价企业可持续发展绩效的市场机制；二是从适用对象看，SDGs 适用于所有利益相关方，包括国家和公众，ESG 主要适用于企业；三是从推进方式看，SDGs 关注全球合作、可持续金融及政策协调等，呼吁企业、民间组织的参与，ESG 侧重于帮助投资者通过观测企业相关绩效，评估其投资行为和企业（投资对象）在促进可持续发展方面的贡献。

SDGs 涵盖与企业相关的广泛的可持续发展议题，包括贫穷、健康、教育、气候变化和环境退化，因而有助于将企业与全球优先事项联系起来。企业可将 SDGs 作为总体战略框架和内容支撑，用以制定、指导、沟通和报告其战略、目标及业务活动。SDGs 对 ESG 的影响将逐渐深入、日益显著。同时，SDGs 与 ESG 存在表达差异，但两者在风险机遇识别、信息披露、评估评价、投资等方面又相互联系。因此，企业在 ESG 管理中参照 SDGs，可以通过更具创新力和创造力的方式参与并贡献可持续发展目标实现，促进自身 ESG 绩效水平的提升。

⊪ SDGs 导向下的风险与机遇

SDGs 明确了 2030 年的全球愿景和优先事项，重新定义企业发展的背景，识别了企业面临的风险与机遇。企业依托 SDGs，能够将特定的 ESG 因素与更广泛的社会和环境目标保持一致，识别、把握环境变化带来的运营风险与商业机遇，不仅在宏观层面全面塑造企业发展环境，也在微观层面深入影响企业决策选择，帮助企业在实现自身可持续发展的同时为世界可持续发展做出贡献。[1]

SDGs 为企业规避和应对风险提供了更清晰的现实参考和未来预判。基于 SDGs，企业可评估国际、国家和地区具体的监管、伦理和经营风险，预判政策的未来走向，采取行动领先于监管曲线。以气候行动为例，在碳中和背景下，禁售燃油车被提上日程，荷兰、德国、法国和英国等多个国家制定明确的禁售燃油车时限，中国的海南省也在全国率先提出 2030 年开始禁售燃油车，这就需要传统内燃机汽车企业在转型升级发展上采取更为积极主动的策略。

SDGs 为企业带来了更广阔的市场空间、机会及创新的动力。SDGs 的每一项目标都可作为 ESG 议题，为投资者及企业的判断与选择提供清晰的指导。商业可持续发展委员会从粮食和农业、城市、能源和材料、医疗健康四大领域梳理出与实现 SDGs 相关的 60 大市场机会（见图 3-4）。欧洲企业社会责任协会（CSR Europe）依托 SDGs 识别出具体商业机遇，以 SDGs 性别平等为例，包括女性收入增长、女性购买力增长及企业盈利能力增长。企

---

① 来源于东京财团文章 *The SDGs and ESG Investing*。

业盈利能力增长方面，研究发现，至少有一名女性董事会成员的企业比没有女性董事会成员的企业表现好 10%，女性管理者占比超 30% 的企业利润较平均水平高出 25%[①]。

粮食和农业	城市	能源和材料	医疗健康
减少价值链中的食品浪费	廉价房	循环模式——汽车	风险汇集
森林生态系统服务	节能建筑	扩大可再生能源	远程病人监护
低收入食品市场	电动和混动车辆	循环模式——电器	远程医疗
降低食品消费品浪费	城区公共交通	循环模式——电汽	高级基因组学
产品重组	共享交通	能源效率——非能源密集型产业	活动服务
大型农场技术	道路安全设施	能源储存系统	药品检测
饮食改良	自动驾驶	能源恢复	烟草控制
可持续水产养殖	ICE车辆燃油效率	钢铁终端使用效率	体重管理计划
小型农场技术	构建弹性城市	能源效率——能源密集型产业	更好的疾病管理
微灌	城市雨洪管理	碳捕获和存储	电子病历
恢复退化的土地	文化旅游	能源获取	更好的母育和婴儿健康
减少包装浪费	智能表计	绿色化学品	医护培训
集约化畜牧	水和卫生基础设施	添加剂制造	低成本手术
城市农业	共享办公空间	采掘业的当地成分使用	
	木材建筑	共享基础设施	
	耐用化和模块化建筑	矿山恢复	
		电网互联	

图 3-4　与实现 SDGs 相关的 60 大市场机会 [②]

◈ 呼应 SDGs 的 ESG 信息披露

《金蜜蜂中国企业社会责任报告研究（2021）》以 2021 年 1 月 1 日至 10 月 31 日公开发布的 1803 份社会责任报告及 2019 年、2020 年度同期收集到的报告作为研究样本发现，2021 年共有 343 家企业披露 SDGs 信息，占比 19%，较 2019 年、2020 年度的 13.7%、14.7% 有较大幅度增长。普华永道的调研显示，2020 年，29% 的香港上市企业在 ESG 报告中对 SDGs 进行了回应，而 2018 年此项占比仅为 14%。从全球来看，毕马威统计数据显

---

① 来源于 SDGs 报告 *The Value for Europe*。
② 来源于商业可持续发展委员会：更好的商业，更好的世界。

示，2017—2020 年期间，SDGs 对可持续发展报告影响显著增强，2017 年，N100 企业（52 个国家和地区收入排名前 100 的企业）中有 39% 的企业在报告中呼应 SDGs，G250 企业（《财富》世界 500 强企业排名榜单中按销售额计算的前 250 位）中有 43% 的企业在报告中呼应 SDGs，2020 年，这两个比例跃升为 69% 和 72%。[①]

如何在报告中有效呼应 SDGs，国际组织及证券交易所等给出了相关建议。联合国可持续发展目标信息披露（SDGD）建议明确 SDGs 信息披露 4 大主题，即治理、战略、管理方法、绩效与目标，这与 ESG 报告注重披露"目标及为达到这些目标所采取的步骤"趋势相符，企业可参照其进行实质性披露。美国纳斯达克"ESG Reporting Guide 2.0"提醒企业重点关注 SDG5、SDG12、SDG13、SDG17。港交所在其官方文件《国际标准 / 指引和其他资源的参考列表》中给出《环境、社会及管治报告指引》与 SDGs 部分对应关联，提供了相关参考（见表 3-6）。研究机构 SustainoMetric 建立了 SDGs 与"E""S""G"的整体关联，"E"与 SDG3、6、7、8、9、11、12、13、14、15 直接相关，"S"与 SDG1、2、3、4、5、6、7、8、9、10、11、12、16 直接相关，"G"与 SDG4、5、8、10、12、13、16、17 直接相关[②]。

表 3-6 港交所《国际标准 / 指引和其他资源的参考列表》(节选)[③]

《环境、社会及管治报告指引》	SDGs
关键绩效指标 A1.5	目标 3.9、目标 13
关键绩效指标 A1.6	目标 3.9、目标 11.6、目 12.3、目标 12.4、目标 12.5
关键绩效指标 A2.3	目标 7
关键绩效指标 A2.4	目标 6
关键绩效指标 A4.1	目标 13

---

① 来源于毕马威官网文章 The Time has Come: The KPMG Survey of Sustainability Reporting 2020。

② 来源于 ESG to SDGs 的文章 Connected Paths to a Sustainable Future。

③ 来源于港交所《如何编备环境、社会及管治报告》。

⽊ 依托于 SDGs 的 ESG 评价

SDGs 在全球范围内被广泛认可，依托于 SDGs 的评价方法成为企业可持续性评估的统一指标，越来越多评估方法学、框架、指标等反映 SDGs。

富时罗素 ESG 评级和数据模型明确与 SDGs 框架保持一致，将 SDGs 17 项目标反映在 14 个主题中。标普 Trucost SDG Analytics 拥有 164 多个符合可持续发展目标分类法的积极影响类别和 45 个可持续发展目标风险敞口指标，涵盖 3500 家公司，占全球市值的 85%，提供投资组合级指标，以最大限度地减少可持续发展目标风险敞口并最大限度地提高可持续发展目标的一致性。同时，标普面向企业提供可持续发展目标评估工具，对整个价值链（从原材料投入到产品使用和处置）的可持续发展目标绩效进行定量分析，以最大限度发挥业务战略的积极影响。

⽊ SDGs 导向的责任投资

2006 年，发布的联合国《负责任投资原则》指出：应用负责任投资原则可以促进投资者与更广泛的社会目标保持一致。ESG 正从资本市场逐渐进入商业主流，成为投资、生产、贸易、管理和信息披露的主流。这些"更广泛的社会目标"在 SDGs 中得到了前所未有的明确定义。这种共识在未来将被进一步强化和深化，有助于企业更统一、更高效地与利益相关方沟通其业务影响和绩效。据联合国贸易和发展会议（UNCTAD）测算，每年对 SDGs 的全球投资需求在 5 万亿～7 万亿美元之间，而发展中国家每年的投资需求在 3.3 万亿～4.5 万亿美元之间。按照当前的投资水平测算，仅发展中国家每年就有 2.5 万亿美元的投资缺口。投资者与投资对象可以更为主动地参与以可持续发展为导向的相关投资活动，并从中获益。

SDGs 提供了 ESG 投资的风向标。越来越多的资产管理机构与投资者围绕着 SDGs 进行投资解决方案设计及调整，"可持续主题投资法"作为 ESG 投资的重要策略逐渐受到重视，其中 SDGs 相关主题成为重要内容。投资者实施明确针对 SDGs 主题和领域的投资策略，如股票、私募股权及风险资本中的清洁技术股、低碳基础设施、绿色债券、绿色房地产、可持续林业和农业等。

SDGs 提供了 ESG 投资的具体指导。联合国开发计划署驻华代表处和商务部中国国际经济技术交流中心共同发起 "可持续发展目标影响力融资研究与促进项目"，发布了《可持续发展投融资支持项目目录（中国）》（2020版）。以可持续发展目标为基础，通过基础公共设施、可负担的住房等 6 个主题领域识别可以实现责任投资的行业机会，并为金融机构如何设定通过投融资期望贡献的可持续发展目标、规划投融资实践方式和衡量投融资活动的结果提供具体指导。

SDGs 不仅为可持续发展的世界提供了一条清晰的道路，也为责任投资及负责任的企业勾勒出新的机遇与路径。面对 SDGs 带来的全方位多层次影响，ESG 需要全面对标融入，投资者与企业需要积极响应行动，才能迈向并最终抵达自身及世界可持续发展的未来。

SASB——关注对企业财务有重大影响的 ESG 风险

可持续会计准则委员会（Sustainability Accounting Standards Board，SASB）在 2018 年 11 月发布了全球首套可持续发展会计准则（简称 SASB 准则）。该准则旨在帮助企业和投资者衡量、管理和报告那些对财务绩效有实质性影响的可持续发展因素，更好地识别创造长期价值的机会。

SASB 准则以企业的业务类型、资源强度、可持续影响力和可持续创新潜力为区分指标，将企业分为 11 个领域、77 个行业，形成了一套全新的行业分类体系，被称为可持续产业分类体系（Sustainable Industry Classification System，SICS®）。结合 77 个行业的不同特性，SASB 为各行业编制了一套特有的可持续会计准则，以企业所熟悉的语言来讲述可持续发展的故事。SASB 准则中所强调的可持续性主要是从企业角度出发，通过规范企业的行为和活动来提高企业长期创造价值的能力。SASB 准则的可持续性主题分为 5 个维度，分别为环境、社会资本、人力资本、商业模式与创新、领导力与治理，SASB 准则在这 5 个可持续性维度中识别出 26 个相关的可持续性主题（见图 3-5）。

对企业来说，企业现今面临诸多时代特有的挑战，如气候变化、资源限制、城市化、科技创新等关乎长期可持续发展的问题。企业迫切地需要全面系统的对影响自身财务状况的可持续发展因素进行有效合理的管理。SASB 准则可以帮助企业明确影响其价值创造的 ESG 和可持续发展议题，更好地将各类准则相关要求进行落地执行，如国际综合报告委员会（International Integrated Reporting Committee）和气候相关财务信息披露工作组（TCFD）相关的建议等，更高效地对外披露企业可持续发展相关数据。

环境
温室气体排放
空气质量
能源管理
水和废水管理
废物和危险物料管理
生态影响

社会资本
人权与社区关系
客户隐私
数据安全
访问和负担能力
产品质量及安全
客户的福利
销售实践与产品标签

领导力与治理
商业道德
竞争行为
法律管理与监管环境
关键事件风险管理
系统性风险管理

商业模式与创新
产品设计与生命周期管理
商业模式的弹性
供应链管理
材料采购与效率
气候变化的物理影响

人力资本
劳动实践
员工健康与安全
员工参与，多样性和包容性

图 3-5 SASB 准则可持续发展框架

对投资者而言，投资者和分析师越来越需要可持续发展的相关数据以帮助投资决策。SASB 准则推进企业披露具有高度可比性、一致性和关乎财务表现的 ESG 与可持续发展相关数据，进而为投资者投资决策与投票提供重要参考。具体来说，SASB 准则可帮助投资者将 ESG 和可持续发展因素纳入投资决策、管理代理投票和议和，以及完成作为 PRI 签署机构的承诺。

⊞ 实现 ESG 中非财务信息与财务信息的连接

近年来，资本市场对可持续发展的关注度越来越强，他们已逐渐意识到已有的投资组合方式存在很大缺陷，多数投资产品或基金只能带来短期价值增长，但不具备长期存续能力，甚至会给社会和自然环境带来负面影响。资本市场渴望筛选出真正践行可持续发展理念，具有长期盈利能力的企业，需要有一套合法、合规、合理的 ESG 信息披露标准将环境、社会和公司治理相关问题进行整合。但多数标准均以企业为核心，结合可持续发展理念，将所有与其相关的环境、社会和公司治理指标都涵盖其中，虽然很全面，但在资本市场的适用性并不强[①]。在缺乏一套明确的、完整的、权威的相关可持续会计准则用来指导企业的生产经营活动的背景下，SASB 于 2011 年开始开发可持续会计准则。

SASB 基金会董事会成员、美国财务会计准则委员会（FASB）前任主席罗伯特·赫茨（Robert Herz）曾提道："SASB 新制定的可持续会计准则将帮助全球企业聚焦于那些能影响财务业绩的可持续发展问题，并以一种有助于决策且具有可比性的方式，围绕企业这些方面的财务业绩与全球投资者进行更为有效的沟通。"由此可见，SASB 准则的制定更侧重于为财务业绩的可持续发展问题服务。SASB 准则很好地将原 ESG 中的非财务信息与投资者关注的财务信息联系起来，实现了 ESG 中非财务信息与财务信息的连接，为ESG 搭建可持续发展与财务信息的沟通桥梁。

SASB 的研究始于一系列 ESG 问题，然后有针对性地应用于不同行业。SASB 联合彭博社（Bloomberg）共同制定了一个覆盖 77 个行业的"实质性问题路线图"（Materiality Map®）。在此之前，尽管许多企业公开披露了ESG 信息，但通常很难识别和评估哪些信息对财务决策最有用。该路线图对行业的某些类型的环境、社会和治理风险给予了充分曝光和披露，帮助投资者识别可能会影响企业财务状况或运营绩效的实质性问题。由于每个行业所涉及的实质性问题不同，SASB 开发了各个行业的关键性能指标，而这些指标成为全球许多企业披露其可持续发展相关信息的重要部分，提高了企业可持续发展数据的可比性。

SASB 对每个行业的关键业务 ESG 问题的披露进行了标准化，以满足投资者对可比性、一致性和可靠性信息的需求。以饮料行业与软件行业中的环境维度为例进行对比分析，首先明确饮料行业是指生产不含酒精的饮料的企

---

① 来源于 SASB 官网。

业，软件行业是指与软件和IT服务相关的企业。其次，就一般问题来分类，饮料行业主要关注水和废水的管理，而软件行业关注的是能源的管理。因此，饮料行业以水资源管理的相关信息为主要披露内容，软件行业为硬件基础设施的环境足迹为主要披露内容。最后，在会计指标的体现上，饮料行业为总取水量、总用水量和基线水压力高或极高地区与各地区的百分比，软件行业对应的是总能源消耗、电网电力百分比和可再生能源百分比（见图3-6）。通过对不同行业的特定分析，SASB准则将ESG中的非财务信息与会计指标很好地联系在一起，以会计指标对ESG问题进行披露。

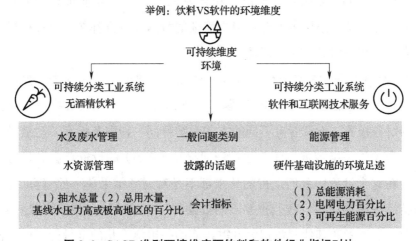

图3-6　SASB准则环境维度下饮料和软件行业指标对比

SASB准则的实施消除了围绕ESG重要性的不透明，并鼓励企业专注于适合其行业的问题，这是一种促进可持续市场和为投资者创造长期价值的机制。

助力证券交易所实现ESG信息披露的标准化

自2020年以来，随着新冠肺炎疫情的突袭而至及气候变化带来的极端天气频繁发生，资本市场对ESG的重视程度日趋强烈，同时对企业披露ESG信息的需求也日益迫切，各证券交易所纷纷出台相关条例，要求企业披露ESG信息。

据联合国可持续证券交易所倡议（SSE）披露，迄今为止，全球已有 65 家证券交易所发布了 ESG 报告指南，用以规范上市公司，其中 81% 的证券交易所在其指引文件中引用 SASB 准则，仅次于 GRI 的 98%[①]。

然而，当前企业对于 ESG 信息的披露缺乏一致性，企业常常为了使披露的信息对自己有利而对报告内容进行调整，不同的行业使用不同的指标，即使在同一行业中，各企业也会对 ESG 问题使用不同的绩效阈值，或者专注于不同类型的风险敞口。即使企业确实披露了 ESG 信息，在不同评级公司的评级结果相差甚远的情况也时有发生。这使得投资者很难进行公平的比较，也很难准确了解公司如何思考和管理 ESG 风险。企业领导者希望报告流程可以更简单，投资者希望获得更清晰的数据，双方都在寻找一种标准的方式来报告和评估 ESG 活动和影响[②]。

SASB 准则编制的初衷便是提供一种披露信息的形式，让金融界可以利用这种形式来理解当前的 ESG 问题，并做出良好的长期投资决策。就像是企业的财务报表，投资者有不同的方式来解释同一份财务报表。动量导向的投资者会关注一组数据，而关注投资回报率（ROI）的投资者会寻找另一组数据。在这个过程中我们期待的从来都不是对财务结果单一的解释。同样，在可持续发展倡议中，我们也并不需要期待一个单一的可持续发展的愿景，但企业、投资者和其他利益相关方需要使用一组标准化的度量标准作为他们分析的起点。

SASB 准则可在证券交易所被用于实现 ESG 信息披露的标准化，主要原因是其将企业、投资者和利益相关方很好地联系在一起，为他们提供一套通用的基础数据。SASB 准则主要通过以下亮点实现了这一目标。

首先，SASB 准则关注的是可能产生重大财务影响的 ESG 问题。在企业过去的发展过程中，已经形成了标准的财务信息披露原则，企业会定期对已经反映在其财务项目中的传统信息进行详细披露。在 SASB 准则中倡导企业对企业价值创造具有重要意义的可持续性主题子集进行披露，或其他更广泛

[①] 来源于联合国可持续证券交易所倡议官方网站。
[②] 来源于麦肯锡官网报告。

的经济、环境和社会问题。

　　其次，SASB准则框架是行业特有的。该框架是由SASB与11个行业和77个分部门中的商界领袖，以及世界上最大的55家投资公司的高层共同参与制定的潜在重要因素矩阵。以动物权利这一社会问题为例，在某些行业，如家禽或食品生产行业，这可能是一个重大的经济问题，如果人们认为动物受到虐待，需求可能会受到重大影响。但在咨询或采矿等其他行业，这个问题可能不那么严重。SASB准则的标准是，如果是家禽或食品生产相关的企业，这个问题可能是重要的，应该包含在其ESG报告中。但对于SASB确定的77个行业中的其他70个行业，动物权利可能也是一个重要的社会问题，但不太可能造成财务影响，所以不是必须要被披露的。

　　SASB持续推动国际可持续信息披露框架走向整合，助力证券交易所实现ESG信息披露的标准化。2020年7月，GRI和SASB宣布开展合作，表示将通过实例研究向大家展示他们的标准如何并存。2021年4月8日，二者联合发布了《使用GRI和SASB标准进行可持续发展报告的实用指南》。2020年9月，GRI、SASB、CDSB、IIRC、CDP五大权威报告框架和标准制定机构联合发布了携手制定企业综合报告的合作意向声明书。这一整合趋势是各个标准制定机构响应市场发展要求、优化治理结构、提高标准普适性、降低社会成本的必然。

⊕ 将ESG管理融入企业财务风险管理

　　风险管理始终是企业经营过程中的核心工作，ESG因素实际上也是作为风险和收益的关键信号出现的。自20世纪80年代以来，大家对风险的理解逐渐精准化，从基本信用风险到新增的市场、模式、运营、声誉和网络安全风险等，ESG是风险的进一步演变。企业常见的ESG议题常被列为非财务风险，而企业在经营过程中，常常会忽略对非财务风险的管理。

　　但从可持续发展的角度来看，对非财务风险的管理不善，常会给企业带来更严重的损失。例如，美国社交媒体巨头Facebook因泄露5000万用户数据信息遭到舆论的强烈批评，市值在一天内蒸发 367 亿美元，公司创始人兼 CEO 马克·扎克伯格的净资产也随之缩水约 50 亿美元；美国百年电力巨头太平洋天然气与电力公司因其输电线引发的加州森林大火导致公司背负高额负债而申请破产。这些都是与风险暴露相关的损失的例子，SASB 准则在其 5 个关键风险维度上提供了有形的指标：创新、社会资本、人力资本、治理和环境①。

企业可持续发展计划并不新鲜，但 SASB 准则的方法是独特的。它是可持续发展领域中唯一提供完整的分析框架、稳健的 ESG 标准、涵盖广泛行业的度量标准及一整套物质风险维度的准则，为企业 ESG 管理提供了实用的工具。

SASB 准则提供的工具可以帮助公司在其战略规划中识别机会，以及识别新出现和不断发展的一系列重大环境、社会和公司治理（ESG）风险的业务关键方面，其中包括重大尾部风险事件的潜力。而通过识别 ESG 风险，公司可以告知他们关于管理和减轻这些 ESG 风险的想法。反过来，通过报告 SASB 准则的"关键风险指标"，投资者可以利用这一决策有用的信息，将资本分配给最有效的使用者。这群风险意识日益增强的市场参与者可以共同促进经济的持续和可持续增长。

SASB 议题的许多方面可能不适合制定定量的会计指标。对于这些议题，SASB 准则确定了所需的定性讨论。SASB 准则坚持关注财务上的重大问题。一般来说，可持续性问题是会影响企业的收入、成本、资产成本及资产或负债价值②。

对收入有影响的问题是那些影响公司产品或服务的需求、无形资产或长期增长的问题，如非酒精饮料公司的披露主题是"来自零和低卡路里、不加糖和人工加糖饮料的收入"。由于消费者转向更健康的选择，对这些类型饮料收入的低依赖性可能使未来的收入面临风险。

影响成本的可持续发展议题通常与运营效率或公司的成本结构有关。例

---

① 来源于 SASB 官网文章。
② 来源于 SF 杂志官网文章。

如，能源消耗是许多行业的一个披露主题。SASB 准则在这一领域的标准通常要求披露"运营能耗、电网电力的百分比及可再生能源的百分比"。这些指标描述了企业是如何定位和管理未来的能源成本。

对企业资本成本的影响一般包括在公司治理、经营许可和一般风险领域。在这一领域，一些行业的披露主题是"描述整个价值链中管理商业道德风险的过程"。一个企业在这个领域的流程会增加或减少其业务的整体风险。因此，这种风险一般会影响公司的整体资本成本。

对公司资产或负债价值的风险一般来自可能损害公司资产价值的因素，或那些产生或有负债风险的因素。例如，对于石油和天然气行业的中游部分，SASB 准则有一个与生态影响有关的披露主题，包括披露"北极地区碳氢化合物泄漏总量的数量，异常敏感地区（美国）的数量，以及恢复的数量"。与该主题相关的风险通常涉及与罚款、制裁和清理活动有关的潜在或有负债。

将 ESG 管理融入企业财务风险管理中有助于确保公司的风险管理程序在考虑可持续性问题方面是健全的。同样，随着 SASB 准则在财务披露方面的使用越来越普遍，公司能够将其可持续性战略与同行业和其他行业的其他公司进行比较，这大大改善了企业的风险管理过程。

首席财务官和管理会计师有很大的机会在整合可持续发展指标方面发挥领导作用，以创造和保护长期价值并推动更好的风险管理。SASB 准则可以帮助管理会计师设计和开发业绩衡量系统，更好地支持创造价值的可持续发展战略、风险管理和业绩。这将有助于首席财务官和财务部门在财务报告中制定有关可持续性战略和绩效的披露，以及将可持续性和财务与为所有利益相关者创造更大长期价值的最终目标联系起来的内部报告。

可持续金融标准：解锁金融机构 ESG 行动"密码"

2018 年，国际标准化组织（ISO）批准成立可持续金融技术委员会（ISO/TC 322），负责制定可持续金融标准，促进将环境、社会和公司治理（ESG）实践等可持续发展因素融入经济活动融资的各个方面。截至 2021 年年底，ISO/TC 322 共有 25 个成员和 17 个观察者，以及 11 个外部联络组织和其他 ISO 技术委员会的内部联络员。

当前，ISO/TC 322 制定了 3 项国际标准，分别是《可持续金融：基本概念和关键倡议》(ISO/TR 32220：2021)、《可持续金融：原则和指南》(ISO 32210) 和《支持绿色金融发展的项目、资产和活动环境准则指南》[ISO 14100，是 ISO 环境管理技术委员会（ISO/TC 207）与 ISO 可持续金融技术委员会（ISO/TR 322）的联合项目]。2021 年 8 月，ISO/TC 322 发布了首项国际标准 ISO/TR 32220：2021，此标准由中国专家提出和召集制定，标志着我国参与 ISO 可持续金融国际标准化工作实现了重要突破。[①]

构建规范统一的金融机构 ESG 话语体系

随着新冠肺炎疫情、气候危机等系统性风险的显性化，越来越多的人意识到金融活动在实现全球可持续发展和绿色发展的过程中，发挥着至关重要的作用，由此产生了可持续金融、绿色金融和气候金融等概念。这些概念在不断的发展中，不同的组织机构对可持续金融领域的术语概念理解有一定差异。共同语言的缺失，在一定程度上阻碍了可持续金融活动的跨区域与跨部门合作，也将对其经济行为在缓解气候变化和实现联合国 2030 年可持续发

---

① 来源于中国绿发会应邀参加 ISO 可持续金融标准化网络会议。

展目标（SDGs）的效果和进展产生影响。可持续金融等概念释义比较如表 3-7 所示。

表 3-7　可持续金融等概念释义比较[①]

可持续金融	欧盟委员会：在金融机构做出投资决定时适当考虑环境（E）、社会（S）和公司治理（G）因素的过程，从而增加对可持续经济活动和项目的长期投资 G20：有助于实现强大、可持续、平衡和包容的融资及相关制度和市场安排，通过直接和间接方式支持联合国 2030 年可持续发展目标（SDGs）
绿色金融	《G20 绿色金融报告》：能产生环境效益以支持可持续发展的投融资活动 经济合作与发展组织（OECD）：为"实现经济增长，同时减少污染和温室气体排放，最大限度地减少浪费，提高自然资源的使用效率"而提供的金融服务 《关于构建中国绿色金融体系的指导意见》：为支持环境改善、应对气候变化和资源节约高效利用的经济活动，即对环保、节能、清洁能源、绿色交通、绿色建筑等领域的项目投融资、项目运营、风险管理等所提供的金融服务
气候金融	联合国气候变化框架（UNFCC）：气候金融是指从公共、私人和其他资金来源支持的地方、国家或跨国融资，目的是支持应对气候变化的减缓和适应行动 世界银行（WBG）：向低碳、适应气候变化发展的项目提供投融资
可持续投资	金球可持续投资联盟（Global Sustainable Investment Alliance）：是一种在投资组合选择和管理中考虑环境、社会和公司治理（ESG）因素的投资方法

随着可持续金融的迅速发展，许多国家、地区和金融部门也正在分头制定可持续金融的相关标准，但当前仍没有适用于全球统一的可持续金融概念与实施标准。对于什么是良好的可持续金融实践，人们也有各种不同的解释。这意味着当中国的金融机构想在欧洲发行绿色债券，不仅要先符合中国的绿色金融标准，还要再经过欧洲相关标准的检验，双重标准的检验将浪费各方资源、加大成本。

---

① 来源于 21 财经网站的文章。

制定全球公认的可持续金融通用术语，在全球范围内构建同一个话语体系，有助于减少市场混乱，降低可持续金融市场参与者的交易、验证和沟通成本，加速实现可持续金融的融合。

ISO/TR 32220：2021 就发挥了可持续金融的"语言"作用，它明确了全球普遍认可和使用的可持续金融基本概念和关键倡议，推动建立一个跨地区、跨行业的金融术语规范，为金融监管部门、金融机构、投资者、国际倡议组织等各利益相关方提供指南，以促进各方对可持续金融相关的重要议题达成共识，为全球推动可持续金融发展建立良好的对话基础。

ISO/TR 32220：2021 共包含了 5 个方面的内容，即基本概念，原则、指南和标准，金融产品和服务，验证、报告和披露，国际倡议和组织。此标准收录的术语主要依据被金融市场广泛接受和使用，源自跨国组织或国家监管部门，可用于其他相关国际标准，具备国际流行度和关注度 4 条准则进行制定，如图 3-7 所示。

图 3-7　ISO/TR 32220：2021 的作用与内容结构

⫲ 实现系统化的金融机构 ESG 管理

可持续金融是一个强大的解决方案，同时也是一个不断发展的行业。可持续金融的本质缺乏一致性，实施方式缺乏系统性，市场的透明度也有待加强，这些都阻碍了金融机构的 ESG 发展。国内外可持续金融相关标准比较如表 3-8 所示。

表 3-8　国内外可持续金融相关标准比较 [①]

标准名称	发布主体	适用主体	目的
《可持续金融：原则和指南》（ISO 32210）	国际标准化组织	所有活跃在金融领域的相关组织，包括但不限于资产所有者、资产管理者、投资银行、中介机构、公共部门组织、监管机构、中央和地方政府等	推动全球金融体系与可持续性保持一致
《欧盟可持续金融分类法》	欧盟	欧盟成员；金融市场参与者；《公司可持续发展报告法令》适用对象，即超过 500 人的大型金融机构或非金融机构	助力欧盟碳中和落地
《绿色债券支持项目目录（2021 版）》	中国人民银行、发展改革委、证监会	包括但不限于绿色金融债券、绿色企业债券、绿色公司债券、绿色债务融资工具和绿色资产支持证券	规范国内绿色债券市场，推动经济社会可持续发展和绿色低碳转型

ISO 32210 旨在制定增加可持续金融的透明度、严谨性且符合可持续发展原则的行动标准与框架。ISO 32210 将与 ISO/TR 32220：2021 相结合，整合现有的可持续金融概念及通用术语，并制定适用的最佳规范和指南，为金融机构在投融资活动中的应用原则、实践行动和相关术语提供规范化和系统化的指导标准。明确的标准有助于防止"可持续性洗涤"（Sustainable Washing），巩固可持续金融活动的可信度、完整性和可扩展性，并引导金融机构更好地将 ESG 考虑因素纳入投资和财务实践。

---

① 来源于君合律师事务所官网文章。

> **ISO 32210 主要帮助金融机构实现：**
> - 向长期可持续性目标的过渡活动
> - 推动价值实现全球转型带来的新投资机会
> - 提高投资组合的可持续性表现和长期商业回报
> - 识别并降低风险
> - 使利益相关者的期望与利益一致

　　ISO 32210 主要包含范围、引用标准、术语和定义、可持续金融原则、可持续金融实施 5 部分内容。其中，可持续金融原则包括：管理和文化，战略制定和目标，风险和机遇管理与影响评估，利益相关方参与，监管和评估，报告和透明度，持续改进并提升。这些原则是构成 ISO 32210 的核心要素。可持续金融原则之间的内在联系如图 3-8 所示。

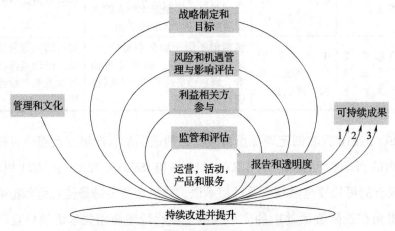

图 3-8　可持续金融原则之间的内在联系 [①]

　　可持续金融标准是使金融机构能够进行稳健、可持续投资的工具。ISO 32210 在可持续金融实施部分，为金融机构实施可持续金融原则提供了具有参考价值的工具和实践指南，帮助其将原则有效应用于运营活动中，有助于企业了解商业价值创造模式与可持续性风险和机遇之间的相互作用。例如，

[①]　来源于文章 *Sustainable Finance — Principles and Guidance（SD Stage）*。

在风险和机遇管理与影响评估部分，建议金融机构定期对标优秀实践并对其进行差距分析，以促进管理与实践水平的提升；同时应将对系统性风险的考量纳入现有的组织管理控制和治理框架，将特定风险的考量整合到离散过程中，如资本配置投资决策、监控和管理；在监管和评估部分，对于金融机构的衡量指标的设定和评估过程给予参考依据。

　　除了可以帮助金融机构进行稳健投资外，可持续金融标准也有助于金融机构加深对可持续金融活动的理解，从而促进可持续金融产品的创新和发展，创新第三方验证、ESG 数据提供等相关服务。

　　可持续金融标准有利于提升金融机构的透明度。ISO 32210 为金融机构提供了标准化的监管和评估方法，设立标准化的指标可有效衡量可持续金融活动、金融机构和市场的 ESG 表现，从而提升可持续金融资金流动的透明度。在监管和评估部分，可持续金融标准指出，指标的设定应聚焦于与可持续发展相关的方面（如环境、气候、社会、经济和公司治理因素等）。指标的设定应具有实质性，且包含定量和定性指标等。

运用"SMART"进行可持续金融指标管理：

- 具体的（Specific）：设定具体的可持续发展目标
- 可衡量的（Measurable）：设定可通过定性或定量数据衡量的指标，且有佐证、验证手段等支持衡量
- 可实现的（Achievable）：设定符合实际的指标
- 相关的（Relevant）：设定与活动、运营和实践背景相关的指标
- 有时限的（Time-bound）：设定有时间限制的指标

　　可持续金融标准有助于指导金融机构和被投资企业的可持续运营、定义和分类可持续金融活动、衡量可持续发展影响、提高透明度并确保可持续金融活动的完整性，它将为全球范围内的金融机构提供 ESG 管理与实践的体系化、制度化指导，助力可持续金融的加速发展，为解决全球面临的可持续发展问题和气候挑战提供了可靠的机制。

第四章

ESG 评级的底层逻辑

标准普尔道琼斯——衡量企业可持续价值

　　道琼斯可持续发展指数（The Dow Jones Sustainability Indexes，DJSI）于 1999 年推出，是首个追踪全球领先的可持续发展驱动型公司财务绩效的指数。全球第一大指数公司标准普尔（以下简称标普）已于 2019 年年底宣布收购瑞士资产管理公司 RobecoSAM 的 ESG 评级业务，即 DJSI 年度企业可持续发展评估（Corporate Sustainability Assessment，CSA）[①]。由图 4-1 可知，标普每年定期邀请目标企业填写问卷，涵盖经济、环境、社会等多项议题，结合问卷采用 CSA 方法论和媒体与利益相关方分析（Media and Stakeholder Analysis，MSA）开展评价。可以用三个词汇概括道琼斯可持续发展指数：聚焦头部、影响广泛、权威性高。

- 聚焦头部：评价对象仅选择各行业约前 10% 的公司纳入 DJSI，对于能够入选该指数榜单的企业往往代表其在该行业可持续发展能力的领导地位。
- 影响广泛：《标普 2021 年可持续发展年刊》披露数据显示"其对约占全球市值的 95% 的 7300 多家公司进行分析并向投资者提供分析结果"。
- 权威性高：DJSI 所采用的 CSA 方法论得到业内专家的高度认可。英国咨询机构 Sustainability 曾于 2019 年邀请超过 300 位来自企业、非政府组织（NGO）、政府、学术机构的可持续发展专家代表对当前市场上主流的 ESG 评价体系进行打分，结果显示 CSA 方法论被最多专家评为价值高、实用性强的 ESG 评价体系。

---

　　① 来源于标准普尔公司官网。

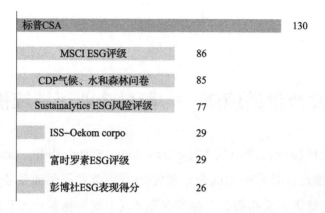

图 4-1 Sustainability 邀请 300 位可持续发展专家对主流 ESG 评价体系的打分结果 [①]

对于上市公司而言，DJSI 的价值一方面体现在，对于投资者广泛、深远的影响力，有助于企业获得更多优质的资本注入，另一方面也体现在因 DJSI 独特评价逻辑和应用场景带来的 ESG 管理提升支持。

✥ 内部信息收集与 MSA 从方法论上夯实了 DJSI 的可持续影响评价深度

DJSI 评级评价两大组成部分——CSA 方法论和 MSA 评价，分别从企业内部管理和外部评价两个维度对企业 ESG 管理的顶层设计、风险机遇识别和利益相关方影响进行了深层次诊断 [②]。

挖掘海量内部数据，支撑更精准的评价诊断。不同于其他第三方评级评价是基于外部公开信息所展示的企业 ESG 承诺、实践表现来进行 ESG 评价，DJSI 在关注 ESG 表现的同时，高度聚焦企业开展相关 ESG 管理实践工作的驱动要素。DJSI 问卷中有相当篇幅的问题会明确要求填写问卷的企业提供相应的内部管理信息（包括管理制度、内部管控措施、成效数据等）作为重要证据来支撑问卷填写的答案。这种方法在一定程度上便于评级机构更

---

① 来源于 Sustainalytics 的《可持续评级评比报告 2019》。
② 来源于报告 *DJSI_AnnualScoring_Methodology_*2020。

深层次地理解企业开展相关工作的动因，提高问卷可信度，避免出现公开传播信息与企业内部实际偏差较大的问题，有助于最终结果更加贴合企业 ESG 管理的实际情况。例如，在供应链相关问题中，DJSI 在对行为准则、关键供应商识别、风险披露、风险管理措施、战略中的 ESG 整合及供应链透明度报告 6 个维度评价中，仅在行为准则和透明度报告 2 个环节要求信息来源为公开披露，其余 4 个环节内容均明确从数据、举措向策略、战略等管理深度探索，且要求企业提供相关内部管理材料作为支持证据。这些内部管理策略证据能够更清晰地刻画企业是否从顶层设计面对 ESG 管理有长远的思考和制度性保障，对于投资者更全面地考察企业 ESG 表现有着极高的价值。当然，在被调查企业特别是首次参与 DJSI 问卷填写的企业来说，提交海量内部证明材料，是一项非常艰苦的工作，各个部门的协同支持、信息是否能够提交都面临内部各种制约。但从管理的长期视角来看，DJSI 问卷填写实际上是帮助企业进一步审视自身 ESG 管理是否存在轻管理、重实践，轻运营、重传播等问题，有助于企业通过填写问卷自查，推动职能部门逐步健全完善相关制度体系和闭环工作流程。

关注所有利益相关方，推动企业关注更广义的外部风险。在标普的评价体系里，MSA 流程是用于识别企业不良政策、结构和实践相关的争议和损害。与其他 ESG 评价方法使用舆情管理来识别相关内容不同，MSA 不仅仅关注舆情事件，同时关注利益相关方的诉求评价。实际上，在 DJSI 的评价过程中，MSA 是先决条件，即无论企业 CSA 得分如何都要根据 MSA 进行定性筛选，以确定是否有资格入选 DJSI。从这个角度来看，标普对于舆情及利益相关方对企业的影响是高度重视的，即如果一家企业经常性发生舆情及利益相关方负面质询，在一定程度上说明其管理存在漏洞，需要紧急改善和提升。但从具体实践来看，近年来企业虽然对于舆情管理的重视程度日益提升，但关于更多利益相关方的关系维护、质询反馈仍缺乏有效管理，这对于企业来说是风险管理层面的一个重大缺失，是亟须在 ESG 管理中尽快改善的环节。

⫸ 不一样的风险管理框架，分级分层，聚焦新兴风险的识别、治理

ESG 本质上是聚焦于风险与机遇的识别与把握，CSA 方法论对此也是尤为关注。从近年的 DJSI 问卷来看，关注重点主要聚焦在企业对新兴风险的识别、管理及风险文化的培育。

以影响的急迫程度划分风险层次，高度聚焦长期风险影响

由图 4-2 可知，CSA 方法论将 ESG 相关风险分为 3 个层次，并采用不同逻辑对其进行区分、评价。在 CSA 评价系统中，风险被定义为新兴风险、重大议题和争议三大类。DJSI 问卷中通过调查企业是否进行实质性分析，判断企业是否对重大议题进行评估、制定管理策略；基于填写新兴风险的描述、影响及缓解措施等，判断企业对长期影响的关注程度；基于 MSA，判断争议事件是否对企业造成实质性损害。这种分类评价的模式很大程度上是基于以下两类驱动因素。

● 从投资者的角度来看，ESG 风险尽职调查为何对识别破坏性风险事件至关重要？

● 领导者如何成功应对此类破坏性风险事件引发的动荡且不可预测的环境？

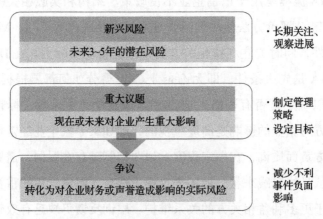

图 4-2　CSA 方法论对于风险的分类及公司应当采取的策略

实际上对于新兴风险的评价重点在于关注外部风险，其特征是长期可能对公司造成损害的远程威胁。新兴风险可能无法量化，也许存在高度不确定

性，在未来 3 ～ 5 年内，它们不太可能对公司的运营或盈利能力产生重大影响，但有可能从现在开始影响公司。正如新冠肺炎疫情被视为一种破坏性的新兴风险，它创造出了一种新环境，在这种环境下，不仅当前已知的风险被放大，还派生出了全新的相关新兴风险。

对于企业而言，如果某类风险具有以下五类要素的话，我们就认为其属于新兴风险，应该重点考量并可以填写在问卷中。

- 必须是全新的，或有着与日俱增的重要性。
- 必须是长期的，即对公司业务的潜在影响应超过 3 年。
- 需要可能对公司产生重大影响，要求公司调整其战略和商业模式。
- 需要是来自自然、地缘政治、技术、社会和 / 或宏观经济因素的外部风险。
- 应该非常具体，影响某家公司，而非整个行业。

当前版本的 DJSI 问卷要求企业确定对未来业务有最重大影响的两个重要的长期（3 ～ 5 年以上）新兴风险，并从风险类别（经济、环境、地缘政治、社会、技术或其他）、风险描述、风险影响、缓解措施 4 个维度进行详细阐述，且需提供公开的支持证据。对于生物医药行业，新冠肺炎疫情、生物多样性、气候变化、供应链管理等议题都有可能是对企业长期的、对企业运营有重大影响的风险点，但具体到具体企业，应当采用风险管理框架进行风险识别与排序，根据真实情况在问卷中填写，而不是千篇一律将社会热词直接照搬，否则无法向投资者真实反映企业对新兴风险的思考和策略，也在一定程度上会影响标普对其评级判断（见图 4-3）。

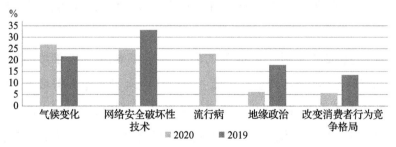

图 4-3　2019—2020 年 CSA 调查结果所显示的企业所识别的新兴风险变化 [①]

---

① 来源于标准普尔官网文章可持续发展年刊 2021。

重视风险文化的影响力，关注风险管理的深层次推动因素

DJSI 问卷非常重视风险文化的影响力，设置了专门的小节对风险文化的氛围、激励、员工培育、影响衡量等进行调查。在标普看来，强大的风险文化有助于企业及早识别新兴风险，并帮助公司更好地应对风险到来，也同样有助于更好地管理争议事项。

从 DJSI 问卷设置逻辑上，我们可以看出风险文化的关注点，不止在于传统意义上是否有可以向最高管理部门直线汇报的强大风险管理部门这种刚性条件，同时也包含以下四类。

- 董事会、高管层对于风险识别、管理的理解与指示。
- 各层级特定风险权责清晰。
- 覆盖全公司的风险培训。
- 激励所有员工主动报告潜在风险和事故。

⚏ 丰富的数据应用场景，让评级真正为管理服务

企业往往认为一个良好的第三方评级评价结果是其 ESG 管理工作最直观、最外显的价值，但在标普来看，评级评价结果仅仅是一个开始。基于海量的数据和多年来积累的案例实践，标普推出了丰富的数据应用场景，以帮助企业从评级评价中找到管理的薄弱环节、改进方向，从而将 ESG 评级评价变成管理的重要工具，持续提升 ESG 表现，获得投资者的长期青睐。

针对企业 ESG 管理持续提升的需求，标普推出了基准对标报告（见图 4-4）和最佳实践两项服务。前者是基于企业自身多年数据填报后的深度数据分析，包括外部趋势变化、管理策略演进、实践表现分析、改进提升建议等多个维度给出全方位报告；后者则是从标普全球数据库中，挖掘各议题的最佳表现实践，提供给相关企业进行对标学习，帮助企业了解全球 ESG

最新发展变化、先进企业的认知策略与管理经验，从而推动企业做出适合自己发展阶段的管理变革，最终实现企业 ESG 管理的可持续推进。

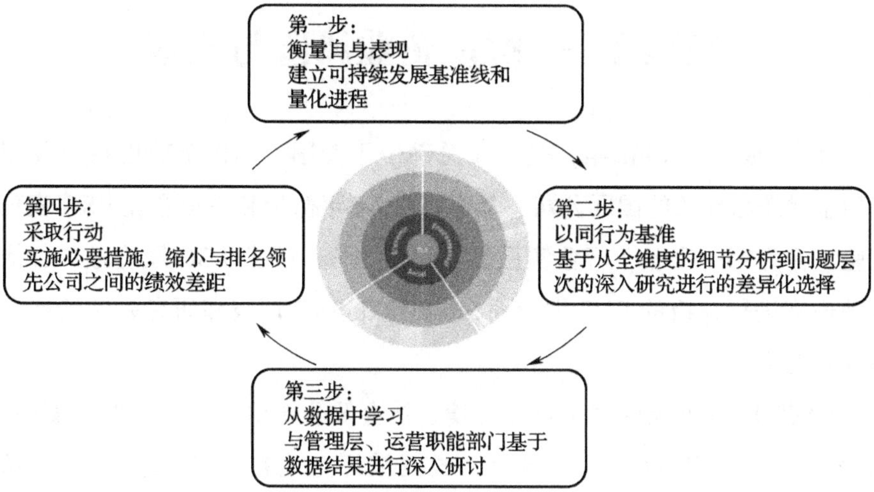

图 4-4 基准对标报告分析流程[①]

[①] 来源于文章 *Making Business Sense from Sustainability*，*The Benefits of Sustainability Benchmarking Through DJSI*。

MSCI——解读企业风险与机遇

MSCI 成立于 1968 年，是一家总部位于美国，提供全球性指数及相关衍生金融产品标的的国际公司，具有超过 40 年衡量和模拟企业 ESG 表现的经验。作为第一家基于行业实质性、测量和嵌入企业 ESG 风险敞口、依据客观规则进行评级的 ESG 供应商，MSCI 在 ESG 评级和研究领域始终占据着领先地位 [1]。

MSCI ESG 评级内容主要由环境、社会及公司治理三个主要层面构成，涵盖 10 个议题和 37 个核心指标，根据被评企业在 ESG 风险方面的暴露程度及相对于同行管理这些风险的程度来进行评级，评级范围包括领先者（AAA、AA）、平均水平（A、BBB、BB）和拖尾者（B、CCC）。

自 2018 年 6 月中国 A 股正式纳入 MSCI 新兴市场指数和全球基准指数（ACWI）后，A 股上市公司被动接受 MSCI ESG 评级。A 股上市公司由此开启了接受 MSCI ESG 评级的道路。面对这个消息，A 股上市公司悲喜交加。MSCI 在全球资本市场有着广泛的影响力，A 股成功纳入 MSCI 新兴市场指数后，将有更多的机会向海外市场展示自己的实力，吸引海外资本的流入，促进中国境内市场与全球资本市场进一步融合。然而，国内企业对于 MSCI ESG 评级知之甚少，多数 A 股公司评级表现欠佳，这样的结果有可能误导投资者的判断。

◈ 多元化的数据来源，不限于企业单向披露

MSCI ESG 评级在评估企业对 ESG 风险和机遇的暴露程度和管理水平

---

[1] 来源于 MSCI 官网。

前期，会严格进行以公开信息为主要渠道的 ESG 数据收集。除了企业披露外，MSCI 还会从媒体、学术界、非政府组织、监管机构和政府来源收集替代数据，形成公司自愿披露信息与替代性数据相结合的 ESG 完整图景，如图 4-5 所示。

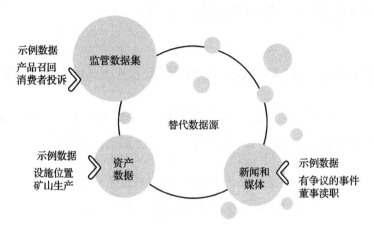

图 4-5　替代数据来源

随着各监管部门、企业和公众对 ESG 重视程度的不断提升，企业也随之提高自身的 ESG 信息披露程度。准确、标准化的 ESG 披露有利于企业及机构投资者进行信息采集，整体提升进入 ESG 分析的信息质量。但是，披露标准并不直接转化为绩效的可比性。企业信息披露往往遗漏了投资者在了解财务相关 ESG 风险时可能寻求的关键信息。特别对于新兴市场，ESG 风险可能更高，但新兴市场的 ESG 透明度往往低于发达市场投资者所习惯的披露水平。投资者需要独立的信息来源，以获取更加全面、超越公司自愿披露的信息，从而描绘出 ESG 风险和业绩更准确地画面。替代数据源可帮助填补这一披露空白。

例如，2019 年 1 月淡水河谷公司（Vale SA）发生尾矿坝坍塌事件，造成严重损失。在其最新的可持续发展报告中仅对其管理的尾矿设施的有限数据进行了披露，其披露的数据并不能揭示所面临的巨大风险，甚至可能掩盖这些风险。MSCI 采用地理空间分析和卫星衍生的图像，通过洪水地图等替代数据可明显识别该风险因素。

使用非常规方法和替代数据源来了解 ESG 风险不仅限于尾矿坝。MSCI ESG 评级使用监管排放数据等替代数据源来告知公司资产的位置或其业务线的污染密集程度，还可以使用安全率或野火频率等区域统计数据来帮助衡量公司面临这些风险的暴露程度。据估计，在 MSCI ESG 评级模型中，只有约 35% 的输入数据来自企业自愿披露的 ESG 信息。

⊸ 聚焦风险、机遇与争议，量化衡量企业 ESG 管理水平

MSCI ESG 评级模型重点关注企业与 ESG 相关的 4 个关键问题，基于这些问题对企业 ESG 管理水平进行评估，其分别为以下几点。

- 企业及其行业面临的最重要的 ESG 风险和机遇是什么？
- 企业面临这些关键风险和机遇的暴露程度如何？
- 企业管理关键风险和机遇的能力如何？
- 从其相关风险和机遇的暴露程度和管理水平角度来看，企业与全球同行相比表现如何？
- 为回答和解决以上问题，MSCI 在进行 ESG 评级时，对环境、社会和公司治理中的关键指标进行了进一步的分类，依据对公司而言是风险还是机遇划分了指标类型，同时对应设置了不同的评分方式。

风险指标项：不仅仅关注企业风险管理水平，结合企业风险暴露情况全面评价企业风险指标得分。

要想了解被评企业是否能充分管理关键 ESG 风险，必须了解该企业采用的管理策略及面临的风险。MSCI ESG 评级模型同时评估了风险暴露与风险管理两个方面。为了在关键议题上获得较高分数，企业的风险管理能力需要与风险暴露程度相匹配。一个风险暴露程度较高的企业必须具备相应强大的管理能力，而风险暴露有限的企业则可以采用更为温和的管理手段。

因此，在管理水平相同的情况下，风险暴露较小的企业得分更高，风险暴露较大的企业得分则更低。例如，电力企业通常高度依赖水资源，每个企

业可能会或多或少地面临与水有关的风险。对于企业来说其工厂所在地的地理位置发挥着关键作用，如工厂位于沙漠地区的企业因水资源匮乏带来的经营风险，会远高于水资源丰富地区的企业。相较于拥有丰富水资源的企业来说，在水资源匮乏地区经营的企业必须采取更多、更有力的措施以降低风险。

机遇指标项：关注企业在所处市场环境下面临的机遇暴露情况与企业管理现状，对企业把握机遇进一步发展的能力进行评估。

在 MSCI ESG 评级体系中，机遇暴露度是对企业当前的业务和地理分布与该机遇相关性的阐述，管理能力则表示企业利用机遇的能力。当机遇暴露度有限时，关键议题的得分会被限制在 0 ~ 10 的中间值，而暴露程度较高时更加考验公司的管理能力，使公司在关键议题中获得较高或较低的得分。

以"清洁技术机遇"为例，该议题是 MSCI ESG 评级体系中对于技术硬件、存储及外设行业的一项重要考核指标，权重占比为 14.3%，主要对公司的清洁技术创新能力、战略发展计划和产生的收入进行考核。选取该指标暴露程度均较高的小米集团与富士通集团来进行比较。小米 ESG 报告显示，其在绿色产品方面的行动主要集中在降低耗能上。富士通则建立了产品环境评估程序及绿色产品评估标准，将绿色植入产品中，开发和设计"超级绿色产品"，从战略、制度、行动上全方位推动清洁技术。明显富士通更好地抓住了这一机遇，表现出了较强的企业机遇管理优势，因此在该项获得了更高得分。

争议事件：关注企业所面临的争议事件，考虑可能对公司 ESG 产生负面影响的单个案例或持续性事件。

争议事件指可能对企业 ESG 产生负面影响的单个案例或持续性事件，如气体泄漏事故、针对同一设施的多项健康或安全性罚款、针对同一产品线的多项反竞争行为指控、多个社区对于同一家企业所在地的抗议等。争议事件表明企业的风险管理能力存在结构性问题。

MSCI 认为，争议事件预示着该企业在未来可能产生重大经营风险事故，理应对公司当前的风险管理能力得分进行扣减。因此在 MSCI ESG 评级体系中，首先，根据争议事件对环境或社会造成负面影响的严重程度进行评价，划分为"非常恶劣""恶劣""中度"或"轻微"4 个等级；其次，根据争议事件的起源判断确定议题类型，划分为"结构性"或"非结构性"议题；再次，对争议事件的现状进行判断，划分为"进行中"和"结束"两类（见图 4-6）；最后，基于之前的三个阶段的分析结果，参考图 4-6 对争议事件进行判定，将结果带入到评级模型中，根据公司管理能力和风险、机遇暴露程度等对关键指标得分进行调整 [①]。

分数	信号旗	严重程度	类型	状态
0	红色	非常恶劣 非常恶劣 非常恶劣 非常恶劣	结构性 结构性 非结构性 非结构性	进行中 结束 进行中 结束
1	橙色	恶劣	结构性	进行中
2	黄色	恶劣 恶劣	结构性 非结构性	结束 进行中
3	黄色	恶劣	非结构性	结束
4	黄色	中度	结构性	进行中
5	绿色	中度 中度	结构性 非结构性	结束 进行中
6	绿色	中度	非结构性	结束
7	绿色	轻微	结构性	进行中
8	绿色	轻微 轻微	结构性 非结构性	结束 进行中
9	绿色	轻微	非结构性	结束
10	绿色	无	无	无

图 4-6　争议事件评价标准

　　一般来说，严重和结构性的争议事件会对企业的评级产生下调影响，在此类争议事件结案后，MSCI 也会及时对企业 ESG 评级结果进行回调。例如，如果企业存在影响当地居民的有毒物质排放的争议事件，这将会导致企业的环境得分与 ESG 总分下调，影响企业 ESG 评级下调。在这一争议事件得到解决后，MSCI 会将其从风险管理评估中移除，对该企业的 ESG 评级分数进行新的测算，对评级结果进行回调。

---

① 来源于 LYXOR 网站。

✤ 关注国际可持续发展动态，及时发布新产品进行响应

MSCI 时刻关注国际可持续发展的最新动态，结合各国际组织最新发布的相关政策和制度等，及时发布各类新产品，帮助企业及投资者了解熟悉各类新规，并在经营及投资过程中将其投入使用，助力政策制度落地。为鼓励资产管理机构进行可持续投资并防止"洗绿"行为，欧盟出台了《可持续金融信息披露条例》（SFDR）、《欧盟可持续金融分类法》（*EU Sustainable Finance Taxonomy*）与《欧盟绿色债券标准》（*European Green Bond Standard*）系列政策包，开始严厉禁止"洗绿"行为。在欧盟禁止"洗绿"政策出台后，MSCI 率先发起行动推出系列产品。

2021 年 2 月，MSCI 启动"欧盟可持续融资模块"（EU Sustainable Finance Module）。该模块覆盖了 10000 多家公司和 175 个主权债券发行方和国家，包含了 MSCI SFDR 不良影响指标与 MSCI 欧盟分类调整两个新的数据集。通过加强对数据信息的披露，帮助企业尽快了解熟悉欧盟可持续金融行动计划中即将出台的与可持续发展相关的披露要求，并尽快调整优化披露信息，确保披露符合相关政策要求。

2021 年 7 月，MSCI 推出"欧盟可持续金融指数等级模块"（EU Sustainable Finance Index Level Module），为 6000 多个标准股票和固定收益指数（如市值、发行量加权、ESG、气候和因子指数）及定制指数提供 SFDR 指标。该模块帮助投资者将其金融产品的不利影响指标与 MSCI 指数的指标进行比较和报告。

2021 年 10 月，MSCI 推出"不利可持续发展影响因素解决方案"（Principle Adverse Sustainability Impacts Solution）。该解决方案提供了一个无缝流程，通过一个可扩展和稳健的报告框架，帮助企业满足欧盟关于可持续发展风险披露的监管要求 [①]。

MSCI 围绕欧盟可持续金融政策包，帮助企业从认识熟悉披露规则，到

---

① 来源于 MSCI 官网。

依据政策找到自身不足，再到满足披露要求，逐层递进设计相关产品助力企业和投资者尽快将适应新规、落实新规。以实际行动鼓励企业改善其气候信息披露，通过披露数据引导投资者支持重视 ESG 的企业，借以敦促企业实现净零排放或节能减排，推动资本市场的低碳转型，支持全球向更具资源有效性、可持续的经济转型[①]。

此外，MSCI 也密切关注中国可持续发展动态，发布相关产品。随着全球气候变化问题日趋严重，MSCI 敏锐洞察到中国政府正在更加重视应对气候变化方面的政策安排，在 2020 年 8 月 18 日正式发布中国气候变化指数系列，包含 MSCI 中国气候变化指数、MSCI 中国 A 股气候变化指数。该指数系列衡量了企业向低碳经济转型相关的机遇和风险，引导机构投资者将气候风险考虑纳入其投资过程中[②]，帮助减少化石燃料的风险敞口，减轻转型和物理风险，抓住清洁能源机会，并使投资组合与政策趋势保持一致，合理规避中国市场跟气候相关的转型风险。

---

① 来源于 *MSCI ESG and SFDR Index Metrics Calculation Methodology*。
② 来源于 21 财经官网文章。

恒生——评级体系中的 ISO 26000 影响

随着近年来 ESG 投资的动力在全球市场持续上升，恒生指数公司（以下简称恒生）在传统指数编制的基础上，将公司的环境、社会及公司治理（ESG）表现作为成分股选取或权重设置的标准，并推出了一系列以 ESG 为主题的指数产品。恒生 ESG 指数系列由覆盖港股市场、A 股市场及跨市场的股票指数组成。恒生通过涵盖香港及内地的可持续发展企业指数系列[①]（恒生可持续发展企业基准指数、恒生可持续发展企业指数、恒生 A 股可持续发展企业基准指数、恒生 A 股可持续发展企业指数、恒生内地及香港可持续发展企业指数）、恒指 ESG 指数、恒生国指 ESG 指数、恒生 ESG50 指数、恒指 ESG 筛选指数、恒指低碳指数和恒指可持续发展指数，衡量上市企业非财务风险和机遇管理水平，为投资者提供更充分的投资参考。恒生 ESG 指数系列图谱如表 4-1 所示。

表 4-1 恒生 ESG 指数系列图谱[②]

香港上市
恒指 ESG 指数
恒生国指 ESG 指数
恒生可持续发展企业基准指数
恒生可持续发展企业指数
恒指 ESG 筛选指数
恒指低碳指数
恒指可持续发展指数
恒生 ESG50 指数

① 来源于《恒生可持续发展企业指数系列 2016 报告》。
② 来源于恒生指数公司官网。

续表

内地上市
恒生 A 股可持续发展企业基准指数
恒生 A 股可持续发展企业指数
跨市场
恒生内地及香港可持续发展企业指数

　　恒生每年都会委托香港品质保证局（HKQAA），对指数候选公司的 ESG 表现进行评级。HKQAA 可持续发展评级与研究均采用企业可持续发展表现评估模型①（以下简称 HKQAA 评估模型，见图 4-7）对恒生 ESG 指数图谱中指数进行 ESG 表现评分，可以说，HKQAA 评估模型是恒生 ESG 指数评级中最为基础性的方法论，其评估共分为 7 个步骤，如图 4-8 所示。

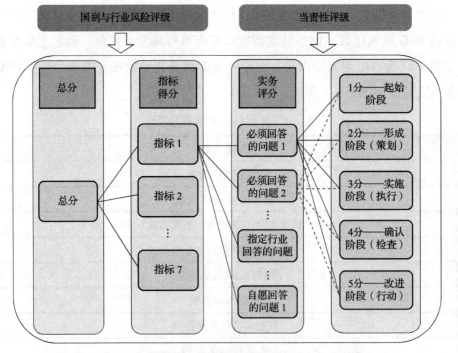

图 4-7　香港品质保证局可持续发展评级与研究评估模型

---

　　① 来源于 HKQAA 文章 *HKQAA CSR Index Series and Sustainability Rating & Research* 2019-20 *Summary Report*。

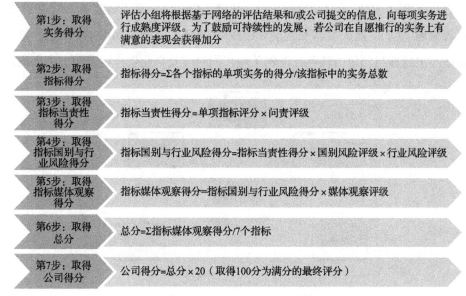

图 4-8　香港品质保证局可持续发展评级与研究评估模型评分细则

作为 ISO 26000 和 ESG 之间的一个桥梁与媒介，HKQAA 评估模型让熟悉 ESG 的资本市场能够接受社会责任的概念，也为企业提供了落地社会责任、开展非财务风险管理的可行路径。

✤ ISO 26000 在 ESG 评级中的落地实践

HKQAA 采用以事实为基础的评分方法，对公司管理其可持续发展表现和风险的能力进行评级。[①] 为了以客观的方式进行评分，评估人员会根据可用的实施证据，确定体系管理成熟度与相关风险水平。HKQAA 可持续发展评级与研究的目标是根据并参考 ISO 26000 企业社会责任指南和全球报告倡议可持续发展报告标准 GRI Standards 等国际准则，对公司与可持续发展相关的系统成熟度与风险进行评级。

参照 ISO 26000，HKQAA 评估模型将企业非财务管理分为公司治理

---

① 来源于 HKQAA 文章 *HKQAA CSR Index Series and Sustainability Rating & Research* 2019-20 *Summary Report*。

（CG）、人权（HR）、劳工实务（LP）、环境（Env）、公平运营实务（FOP）、消费者议题（CI）、社区参与和发展（CID）7 项核心主题，如图 4-9 所示。这 7 项核心主题都与公司治理存在逻辑关联，同时涉及企业生产运营的方方面面。

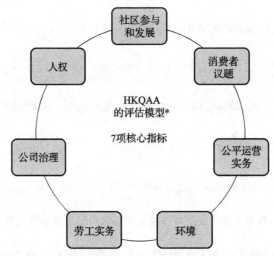

图 4-9　HKQAA 的企业可持续发展表现评估模型

- 公司治理（CG）：企业需加强利益相关者管理，最大范围地确定主要利益相关者群体，定期开展符合核心价值观和战略方向的活动并组织利益相关者参与，使用不同的参与渠道和工具以满足利益相关者的期望，通过长期关系与利益相关者建立信任；建立可持续发展风险和危机管理机制；加强管理与信息披露，制定具有短期到长期目标、具体和可衡量目标、行动计划与专职人员的可持续性管理和报告框架，并定期汇报进展。

- 人权（HR）：企业需思考并致力于解决人权问题，签署全球倡议和原则（如国际劳工组织公约和宣言等）；考虑员工的人权问题，通过有针对性的教育和鼓励多元化的职业发展（如性取向、种族和残疾等），在公司内部推动多元化和包容性文化，并建立与员工沟通的机制；考虑其供应商和客户的人权问题。

- 劳工实务（LP）：企业需定期进行员工满意度调查以了解员工需求；针对不同层次的员工需要建立培训体系；创造超越法律的最低要求且公正有利

的工作条件（如招聘、薪酬和补偿、发展、生活水平、健康和安全及保障就业等）；遵循安全管理原则改进安全设施，降低职业风险；在公司内及供应链下游推广适当的劳工实践。

- 环境（Env）：企业需向公众传达和公布环境管理计划的进展；采取措施防止污染和减少浪费；促进资源的可持续利用；通过与非政府组织等多角度合作来解决环境可持续性挑战问题。

- 公平运营实务（FOP）：企业需防止商业不当行为，为其雇员和业务伙伴制定有关个人资料（隐私）条例、防止贿赂和腐败、竞争和举报的政策；定期进行内部审计；在供应商、物流合作伙伴等的上下游价值链中推进社会责任。

- 消费者议题（CI）：企业需邀请独立机构进行售后服务调查和神秘顾客走访，评估和不断提高服务质量；每年公布客户服务标准及其结果；定期对优秀同行新的客户服务计划和服务标准进行基准测试并持续改进服务。

- 社区参与和发展（CID）：企业需进行社区捐赠并确定利益相关者的中长期目标需求；制定社区参与政策，参与和支持符合社区需求的社区活动。

⊪"PDCA"管理逻辑推动 ESG 管理提升

HKQAA 评估模型由 ISO 26000 支持，通过结构化和量化产出 ESG 评级指数。该评估模型严格遵循 ISO 高阶架构中的基础性管理逻辑，采用规划—执行—检查—行动（PDCA）循环的 4 个阶段管理方法，衡量公司在社会责任实践方面的成熟度。在评级过程中，HKQAA 评估模型通过 PDCA 循环（见表 4-2）的闭环管理方法，为 ISO 26000 融入公司治理提供了落地路径，也为资本市场评估管理成熟度提供了标尺。HKQAA 评估模型共涵盖 7项核心指标 40 个二级指标和近 400 个实务数据点，HKQAA 利用其 PDCA执行度评分机制对标企业的公开资料收集分析，结合问卷反馈结果进行打分（1～5 分），以此初步衡量目标企业不同指标下的实务表现、管理水平和可持续发展能力。

表 4-2　规划—执行—检查—行动的评分方法

得分值	阶段	说明
1分	起始阶段	未采取行动
2分	形成阶段（规划）	行动计划正在制定过程中或实务未全面实施，或实施了临时的控制措施
3分	实施阶段（执行）	经过事前规划后全面推行建议的实务
4分	确认阶段（检查）	对行动进行了数据收集及分析，以收集相关信息来评估所推行的实务的有效性
5分	改进阶段（行动）	对已推行的实务进行检讨，识别需要改进的地方

- Plan（规划阶段）：需配合企业的愿景，订立为达成目标而必须采取的项目。此阶段公司根据其商业角色及发展策略的内外因素，明确定位；参考 7 个核心指标和实务，辨识各利益相关方对其商业角色及相关社会参与度的需要和期望；根据内外部因素及各利益相关方的需要和期望，订立企业社会资本使命和可度量的愿景和目标。

- Do（执行阶段）：需要明确实践规划、执行计划及取得进展。此阶段公司与利益相关方见面沟通讨论有关项目的详细设计；根据原定的规划及项目来实践计划；加强与相关利益相关方和合作组织之间的沟通，以建立合作关系，比如委派负责员工或部门积极协助内外部沟通，并将所收集的资料以图表记录，在后期阶段分析。

- Check（检查阶段）：研究计划的实际结果，并比较与预期结果之间的差距。此阶段公司可使用企业社会资本评估工具（如调查、问卷、访问、焦点小组等）监管及测量计划的进度和成效以供未来检讨；评估对象可集中于参与者及 / 或其家庭、员工、义工及其他利益相关方。

- Act（行动阶段）：从计划评估中进行改进或调整，为未来可能制定的政策订立新标准，建立新的基础。此阶段为公司结果分析与企业社会资本及计划评估会议过程，公司从收集到的数据分析之中得出总结，以比较可度量的企业社会资本愿景和目标；同时就计划的实践做出改进行动，或为未来制定的政策做好准备。

PDCA 循环虽然是质量管理中普遍被使用的逻辑体系，在衡量与评价社会责任管理工作融入可持续业务中的应用却并不常见。过去，全面质量管理的学者曾提到将质量融入产品和服务以实现持续改进。现在，HKQAA 将PDCA 循环管理方法融入恒生 ESG 指数评级系列。

对于上市公司来说，PDCA 不仅用于衡量企业可持续发展实务方面的成熟度水平，更为企业各个可持续发展实务的长期方向性发展提供指导与规划。《恒生指数公司 ESG 年度检讨》研究指出，2020 年度香港上市公司的平均评分为 56.0，属"满意"级别，而 A 股公司的平均评分为 43.3，属"适中"级别，内地上市公司对比香港上市公司来说表现仍有差距。

⇶ 通过媒体观察机制持续监测品牌形象与声誉管理

媒体观察是 HKQAA 评估模型中的重要组成部分，作为一项持续监测机制，用来识别可能会对公司的声誉和核心业务产生破坏性影响的媒体评论及其他公开信息。HKQAA 会通过观察与公司相关的媒体报道，对被评级企业进行媒体观察评级，该项得分与上市公司取得的总分直接挂钩，并间接影响该公司得分的最终评级结果。

HKQAA 评估模型中媒体监测的流程是公开的。如果某公司成为被具体指控的对象，给该公司带来业务损失、客户损失和销售额降低，以至承担法律责任及负债、诉讼或罚款等后果，则会创建一个媒体观察"标记"。个别媒体观察的扣分率将因不同的标准、行业及对公司的重大潜在影响而有所不同。当公司被标示了颜色标记，可能会对其评分有着不同程度的影响。HKQAA 评估模型媒体观察三色标记体系的运用原理如图 4-10 所示。

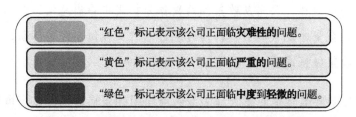

"红色"标记表示该公司正面临**灾难性**的问题。

"黄色"标记表示该公司正面临**严重**的问题。

"绿色"标记表示该公司正面临**中度到轻微**的问题。

图 4-10　HKQAA 评估模型媒体观察三色标记体系 [①]

HKQAA 评估小组在媒体上获取关于可持续发展的数据。在普通情况下，评估小组会将相关的媒体报道一并展示在问卷当中，让被评估公司响应。评估小组会分析媒体报道内容及被评估公司的响应，决定该事情在相关的可持续发展评分及研究项目的严重性。一般来讲，媒体观察其严重性后评估为灾难性的（对 HKQAA 可持续发展评级与研究的指标有着非常严重的负面影响）、严重的（对 HKQAA 可持续发展评级与研究的指标有着严重的负面影响）、中度或轻微的（对 HKQAA 可持续发展评级与研究的指标有着轻微到中度的负面影响）。HKQAA 会通过评估模型中的 7 项核心议题，对被报道的实例进行评分，如供应链有无童工 / 强迫劳动事件、产品和服务产生的有毒或无毒废弃物影响事件等。

HKQAA 评估模型通过增设媒体观察环节，持续性地监测上市公司与 ESG 相关媒体评论及外部报道，从侧面为上市公司敲响警钟，提示公司需要加强 ESG 相关品牌形象与声誉管理工作。企业的 ESG 工作并非孤立的，负面的 ESG 相关媒体报道可能会直接导致 HKQAA 的评级结果下调，它与企业的品牌、声誉息息相关。但也同时提醒上市公司，不能一味将 ESG 设计成良好的品牌形象，只注重宣传而忽视其核心内容，最终只会形成"洗绿"行为。如果没有可持续发展相关企业关键绩效指标（KPI）、承诺和后续行动，ESG 工作可能会适得其反，从而危及公司在利益相关者、投资者和客户中的声誉。

----

① 来源于香港品质保证局可持续发展评级与研究。

⊞ 系列性指数为上市公司带来的启示与机遇

作为恒生 ESG 指数系列最基础的方法论，HKQAA 评估模型支撑着整个恒生 ESG 指数家族的运作。现阶段，恒生 ESG 指数系列共包含 11 个指数，系列中的指数评级核心方法论范式相同，但每一项指数的成分股评选方式却又拥有其独特之处。

第一类是作为恒生最先推出的恒生可持续发展企业指数系列，其涵盖的 5 个指数的成分股公司挑选程序严谨，过程中考虑市值准则、成交量准则、上市时间要求及参考 HKQAA 评估模型进行可持续发展评级。被纳入指数系列的成分股反映了其公司于环境、社会及公司治理 3 个范畴表现卓越。成分股公司可以使用指数系列的标识，而使用权每年更新。在企业及宣传物品上使用此标签能表达成分股于企业可持续发展方面的成就。

第二类是从母指数中选择 ESG 得分较高的股票，如恒生 ESG50 指数。恒生 ESG50 指数的母指数是恒生综合指数，在恒生综合指数中，同时满足"上市时间至少 1 年""12 个月平均市值最高的前 200 家公司"及"通过交易量测试"3 个条件将作为恒生 ESG50 指数的候选股票，在此基础上将 ESG 分数排在前 50 名的股票选为成分股。

第三类是保持与母指数相同成分股的部分指数，如恒指 ESG 指数、恒指 ESG 增强指数、恒指低碳指数、恒指可持续发展指数皆以恒生指数为母指数基础，恒生国指 ESG 指数则是以恒生中国企业指数为母指数。这些指数的成分股公司与母指数相同，但采用不同的成分股比重。该部分指数的个别成分股比重会按其环境、社会及公司治理（ESG）分数而调整，ESG 分数相对较高的成分股比重会被调高，反之则被调低比重。因此，这几项指数各自的总 ESG 分数，均分别较其基础指数（恒生指数 / 恒生中国企业指数）的 ESG 分数高。

近年来，气候变化愈来愈在 ESG 议题中受关注，更多投资者愿意将可持续考虑因素纳入其投资及决策过程。2021 年 11 月 29 日，恒生推出"恒指 ESG 筛选指数""恒指低碳指数"与"恒指可持续发展指数"，为对可持

续投资策略有兴趣的投资者提供更多参考基准。阿里巴巴、阿里健康等来自
工商业、金融业、地产业和公共事业的 60 家企业入选了新推出的三项指数。
"恒指 ESG 筛选指数"旨在将 ESG 元素加入恒生指数中，有关指数成分股
将会按联合国全球契约（UNGC）原则和是否"涉及具争议的产品"原则而
进行筛选。"恒指低碳指数"也是以恒生指数为基础，并按上市公司的碳排
放强度调整个别成分股的权重。这三项指数的诞生将为希望在低碳及绿色经
济转型中寻求投资机遇的投资者带来可投资基准。

富时罗素——聚焦 ESG 数据的投资价值

富时罗素（FTSE Russell，FTSE）隶属于伦敦证券交易所，是联合国支持的"负责任投资原则"组织（PRI）的创始签署成员，已有超过 20 年的 ESG 第三方评价经验。FTSE 的评估对象覆盖全球数千家上市公司，并将 ESG 评级结果与富时指数关联，可以为投资者提供灵活、数据驱动的 ESG 工具，协助投资者更好地管理 ESG 风险，帮助实施具有 ESG 意识的投资策略。FTSE ESG 评级构建了从整体得分（0～5 分之间的 ESG 整体评级，其中 5 分为最高评分）—E、S、G 三项支柱—14 个主题—300 多个独立指标的评价结构。为了防止数据倾斜，评分也与风险暴露程度和行业相关。FTSE ESG 评级还受到一个独立委员会的监督，该委员会由来自投资界、公司、工会和学术界的专家组成。独立委员会定期开会监督 ESG 评级审查和方法开发，以确保评价方法和流程的适应性、透明度和方法逻辑的准确性[①]。总的来说，FTSE ESG 评价高度聚焦上市公司 ESG 表现对于投资端的参考价值。

◈ 评级结果指数化

FTSE ESG 评价体系非常重视其结果对于投资者的参考价值，其基于数字化的评级（0～5 分评价）能够支持更细粒度地在公司之间进行比较，更易于将 ESG 评级量化应用于投资策略中。其中，最为典型的即 FTSE4Good（ESG 精选型）和 FTSE ESG 指数系列。

FTSE ESG 指数系列旨在帮助投资者在保持行业中立的前提下，为其 ESG 投资提供一个广泛的基准。该指数系列使用了富时罗素 ESG 评级和数

[①]　来源于富时罗素官网。

据模型来调整其组成部分的市值权重，包括 47 个发达和新兴市场的 4000 多只证券。该指数系列将 ESG 元素融入成分股判定基准中，即基于富时环球指数系列（FTSE All-World Index Series，包括发达及新兴系列）、富时全类股指数（FTSE All-Share Index）、罗素 1000 指数（Russell 1000 Index）中的已有成分股，使用 ESG 评级结果对成分股权重进行调整。在当前新兴市场富时 ESG 评级（FTSE ESG Ratings）共有 224 家中国大陆企业，其中腾讯、阿里巴巴、中国建设银行、平安保险、中国工商银行等企业位于该指数前 10 企业。[①]

与 FTSE ESG 指数系列不同，FTSE4Good 指数则完全基于 ESG 评级结果从优选取成分股，只有 ESG 评级较好的公司才能入选。FTSE4Good 要求发达市场或新兴市场的公司需要分别达到一定的 ESG 评级分数，方可入选 FTSE4Good 指数系列，其中发达国家及地区的公司要求必须取得 3.1 分及以上（满分 5 分）可被纳入，新兴市场公司要求在 2.5 分及以上可被纳入，当前共有 38 家中国大陆企业入围新兴市场富时社会责任指数系列（FTSE4Good Index Series），其中中国建设银行、平安保险、中国移动位于该指数前 10。FTSE4Good 指数系列旨在衡量表现出强大的环境、社会和公司治理（ESG）实践的公司的表现。透明的管理和明确定义的 ESG 标准使 FTSE4Good 指数成为各种市场参与者在创建或评估负责任投资产品时使用的合适工具。FTSE4Good 指数可以通过以下 4 种主要方式使用。

● 金融产品——作为创建指数跟踪投资、金融工具或基金产品的工具，专注于负责任的投资。[②]

● 研究——确定对环境和社会负责的公司。

● 参考——作为透明且不断发展的全球 ESG 标准，公司可以根据该标准评估其进展和成就。

● 基准化——作为追踪负责任投资组合表现的基准指数。

---

① 来源于富时罗素的文章 *Guide to FTSE Sustainable Investment Data Used in FTSE Indexes* V1.1。

② 来源于富时罗素的文章 *Smart Sustainability: Giving Pension Providers Controlled Sustainable Exposure*。

⫶ 评级内容聚焦最新前沿议题

FTSE ESG 在评价逻辑和议题设置上，非常重视全球可持续发展最新议题的变化。例如，在环境板块，FTSE ESG 评价方法中将生物多样性与气候变化、污染物排放、水安全并列为 14 个主题之一，显示了其对生物多样性这一新兴议题的前瞻性和高度重视。对于气候变化这一全人类当下最为关注的环境议题，FTSE ESG 不仅与时俱进结合 TCFD 建议对其评价指标进行全面审查做出改变，也突破性地设置了三大气候变化评价应用模型，便于投资者对于气候变化相关的 ESG 基础数据能够有更全面的掌控，体现了 ESG 评价不是目的，数据的运用才是投资者关注焦点这一核心思想。

在气候变化评价方法修正中，FTSE ESG 主要结合 TCFD 的披露框架进行了以下四大方面改变。

- 增加了 7 个新指标。FTSE ESG 根据 TCFD 框架将识别风险机遇、纳入战略、气候情景分析、勘探和生产强度、炼油强度、水泥排放其强度、范畴三排放数值等新增为评价指标。其中，勘探和生产强度、炼油强度、水泥排放其强度分别针对勘探采掘业、炼油石化企业及水泥生产行业。

- 引入新的部门具体指标。FTSE ESG 将石油和天然气、电力公用事业、水泥、房地产、金属和采矿、化工、钢铁、食品和饮料、造纸和林业产品、农产品、农业和投资管理等行业的具体财务实质性指标数据纳入了气候变化相关评价体系，显示了其对于更大范围碳减排的重视和对气候变化全球分工的深刻认知。

- 更新部门分类模型。FTSE ESG 基于不同行业范围 1 和范围 2 的行业平均排放量，更新了行业分类模型（高、中、低影响），以更准确地反映每个细分行业的碳强度。随着范围 3 数据质量的提高，以及对行业具体排放的理解的发展，富时罗素将进一步完善该模型。同时计划为公司提供具体的会计信息。

- 增加评估中、低风险行业的指标。FTSE ESG 将 3 个指标的覆盖范围从影响较大的部门扩大到所有部门，分别是温室气体排放的独立核查、能源消耗的独立核查和减排强度的降低。

FTSE ESG 构建了全球碳储量数据模型、碳排放数据模型和绿色收入数据模型，旨在为投资者提供更加丰富的全球碳减排的路径、策略、长期预测等数据支撑，便于投资者围绕碳减排做出更为全面、深刻的认知。

- 富时全球碳储量数据模型。该模型不仅包括石油、天然气和煤炭储量的公司级数据，还包括开采和燃烧这些储量时释放的潜在温室气体排放量的预测，为投资者提供了发达市场和新兴经济体上市公司化石燃料储量所有权的详细信息。高水平的储量和相关的未来排放表明化石燃料公司资产负债表上存在潜在的"搁浅资产"，这是气候变化风险的一个关键组成部分。模型的主要目标是抓住持有化石燃料储备多数股权的公司。只有该公司拥有至少 50% 股份的储备才会被捕获。

- 富时碳排放数据模型。该模型提供了全球上市公司控制的资产和活动的报告和估计范围 1 和范围 2 排放数据。相对于特定行业的收入，高水平的排放反映了碳密集型流程或对化石燃料的过度依赖。这表明，一家公司的资产可能会变得过时，或者对寻求将快速脱碳途径纳入其投资组合的投资者来说根本没有吸引力。这一模型覆盖了 2012 年至今富时全球全市场指数（FTSE Global All Cap Index）代表的全球市值的大部分上市公司，基于如此丰富的基础数据，模型估计和外推了一部分数据以填补上市公司层面披露的不足。

- 富时绿色收入数据模型。该模型通过一致、透明的数据和指数，帮助投资者了解全球向绿色和低碳经济的产业转型。模型使用了独特的绿色产品和服务绿色收入分类系统对公司进行分析和分类，该系统涵盖 10 个部门、64 个子部门和 133 个微观部门。GRCS 下的分层系统确定了"绿色"水平，即公司业务活动和收入的净环境效益。对于确定了绿色产品或服务的每个公司，该模型提供了关于公司绿色收入百分比（包括最低、最高和点估计）的数据点，以及公司提供的每个绿色产品或服务的微部门绿色收入百分比。

Sustainalytics——挖掘 ESG 风险管理的价值

Sustainalytics 作为全球领先的环境、社会与公司治理（ESG）评级及研究机构，拥有超过 26 年 ESG 研究及评级经验，根据环境、社会、公司治理和其他四大方面的 20 个问题和 300 个指标对企业 ESG 风险进行评估。

通常来说，评级机构由于范围、衡量标准和权重等侧重点的不同，评级结果会存在一定的差异，而对于 Sustainalytics 而言，它最大的特征便是对 ESG 风险的关注。ESG 风险是指由环境、社会和公司治理问题引起的影响共同基金证券业绩的风险。Sustainalytics 认为，在当今世界，企业正在向更可持续的经济转型，因此，当其他条件相同时，能够有效管理 ESG 风险的企业便可能取得更卓越的发展，也更能够创造长期的企业价值。

Sustainalytics 主要从企业 ESG 风险角度为投资者提供单个企业的 ESG 评分，因此其评分结果主要被资本市场独立第三方投资研究和基金评级机构引用。例如，晨星公司的可持续发展评级（Morningstar Sustainability Rating）就以 Sustainalytics 的 ESG 评分为基础。

⚛ 创造 ESG 风险的单一"货币"，实现 ESG 风险的行业可比

Sustainalytics 结合风险敞口和风险管理两个维度进行 ESG 风险评级，旨在帮助投资者识别和理解其投资组合中与 ESG 相关的实质性财务风险，并分析这些风险如何影响投资者长期的投资业绩。ESG 风险敞口是由一系列与 ESG 相关的、对公司构成潜在财务风险的因素决定的，较低的 ESG 风险敞口表明该问题对公司不重要，较高的 ESG 风险敞口表明该问题影响较大。ESG 风险管理则由多种因素决定：对与 ESG 风险相关的管理政策承诺的评估、为实施这些政策承诺而设计的项目、衡量项目实施效果的量化绩效数据

的可用性及公司在相关 ESG 争议中的管理情况等。

ESG 风险评级按企业 ESG 得分划为可忽略风险、低风险、中风险、高风险及严峻风险 5 个风险等级。该评分体系主要由三个计分模块组成：企业管理模块、实质性 ESG 议题模块和企业独特议题模块。

- 企业管理模块：是 ESG 风险评级的基本要素，包括董事会／管理层的质量和诚信、董事会结构、所有权和股东权利、薪酬、财务报表、利益相关者管理六大结构。

- 实质性 ESG 议题模块：是评级的核心组成部分，指在风险评级中，如果 ESG 问题对企业价值可能产生重大影响，且其存在与否可能影响投资者的合理决策，则该问题是重要的。

- 企业独特议题模块：关注对争议性事件的评估，帮助企业迅速对意外的黑天鹅事件做出反应。

可忽略风险（0 ~ 9.99 分）：认为企业价值受 ESG 因素驱动的实质性财务影响风险可忽略不计。

低风险（10 ~ 19.99 分）：认为企业价值受 ESG 因素驱动的实质性财务影响风险较低。

中风险（20 ~ 29.99 分）：认为企业价值在 ESG 因素驱动下具有中等的实质性财务影响风险。

高风险（30 ~ 39.99 分）：认为企业价值受 ESG 因素驱动的实质性财务影响风险较高。

严峻风险（40 分及以上）：认为企业价值受 ESG 因素驱动的实质性财务影响风险较严重。

通过 ESG 风险评级，Sustainalytics 创造了 ESG 风险的单一"货币"，即 ESG 风险评级，整体量化企业 ESG 风险，打通行业壁垒，实现不同行业间的可比性。不管对于哪个公司或哪个问题，一个风险点在各个行业都是等

价的，各个问题的风险点加起来就形成了总分，这为投资者提供了对 ESG 风险的绝对衡量，使其能够评估各自行业、子行业和行业内外的公司评级。这就意味着，当一个企业的 ESG 风险得分属于高风险，则它在整个研究领域中 ESG 风险均处于高风险，无论它是农业公司、公用事业公司还是任何其他类型的公司。基于此，客户可以直接将医疗保健公司与能源集团公司、汽车公司、银行、软件公司与公用事业服务提供商进行比较。

✦ 着眼争议性指标，当好企业的风险"预言家"

投资者往往会特别关注下行风险，以此来评估那些可能发生的、不可预见的重大事件。在一些情况下，某些以往被认为无关紧要的问题可能突然变得重要，这些问题就是具有潜在风险的、存在争议的事件。

针对这种可能存在争议的事件，Sustainalytics 推出 10 个特定的指标，即环境层面的经营、承包商和供应链、产品和服务，社会层面的员工、承包商和供应链、消费者、社会和社区，治理层面的商业道德、企业治理、国家政策，用于评估企业是否卷入某些争议或事件。[①] 在 Sustainalytics 的 300 个指标中，争议性指标占 3% 的权重，这意味着争议性指标的得分将对企业产生不容忽视的影响，任何负面评估都可能降低一家企业的得分和排名。

在争议性指标研究上，Sustainalytics 利用智能技术，每天监测 70 多万条新闻报道，确定涉及 ESG 相关事件的企业，随后对这些事件的严重程度、企业问责及它们引起企业不当行为的可能性进行评估，通过对争议事件的评估，ESG 风险评级变得更加动态、实时和高效，帮助投资者更好地制定投资决策，包括筛选、参与及管理声誉风险，使其能在投资者的决策中发挥价值最大化。

近年来，争议性指标越来越受企业重视。例如，2021 年 10 月，彭博社发布消息称将通过彭博终端向用户提供 Sustainalytics 的 ESG 研究和评级，

---

① 来源于 Semantic Scholar 文章 *How Robust are CSR Benchmarks? Comparing ASSET4 with Sustainalytics*。

终端上也有 Sustainalytics 的关于近 1.8 万家企业的争议研究报告和数据，投资者可以根据研究结果识别存在争议事件的企业，还可以访问争议性武器雷达研究，了解企业是否直接或间接制造、销售或支持有争议的武器，预测争议事件对企业 ESG 风险管理的潜在影响。

⁂ 立足多样化应用，赢得投资者"青睐"

Sustainalytics 的 ESG 风险评级可以帮助投资者在安全和投资组合层面识别、理解和管理 ESG 风险，以此来做出更好的投资决策。Sustainalytics 为投资者提供了多种方式来使用 ESG 风险评级，如图 4-11 所示。

图 4-11 ESG 风险评级的应用范围

如果投资者对评估投资组合风险感兴趣，他们可以使用该评级来比较一个部门、行业集团或子行业的风险。例如，投资者可以决定从 ESG 角度判断药品是否比化学品更具风险，反之亦然。另外，投资者还可以使用该评级来衡量同个行业中不同公司的相对 ESG 表现。例如，投资者可以比较埃克森美孚和雪佛龙在管理 ESG 风险方面的有效性。一些投资者可能还会关注 ESG 风险在不同时间的动态变化，并考虑这些变化是否会影响它们的股价。

除此之外，投资者还能以主题的方式使用 Sustainalytics 的评级。例如，他们可以在众多公司中比较人力资本或排放、污水和废物方面的未管理风险。这个等级是专门为多个用例而设计的，这为投资者的 ESG 整合方法提供了更多的灵活性。

✥ 结合中国企业实际，找准 ESG 风险管理"痛点"

随着 ESG 投资理念逐渐被主流市场和机构所接受和重视，越来越多的企业关注自身行为给环境、经济和社会等方面造成的影响，力求满足公众对产品和服务质量越来越高的期待。Sustainalytics 的 ESG 风险评级为企业提升风险管理水平提供了可靠的渠道，当前已应用于多家中国企业。以融创中国为例，Sustainalytics 发布的评级报告从产品管理、人力资本、废弃物排放、社区关系、贿赂和腐败等 7 个维度对融创中国进行 ESG 评估，最终给出 16.2 分的低风险评分，这表明融创中国在产品、环境、社会等方面实施了有效的 ESG 风险管控。

同时，有些中国企业在 ESG 风险管理方面仍有待提高，其 ESG 风险评级不理想也是不争的事实。Sustainalytics 的 ESG 风险评级能够帮助企业找准"痛点"，对症下药，提高 ESG 风险管理水平。当前，中国的大型制药公司正在从简单的生产转向开发研究性药物，在世界药品供应中的重要性也在日益提升，然而，根据 Sustainalytics 的 ESG 风险评级，中国制药公司面临药品获取、产品管理和商业道德等相关社会和企业治理方面的 ESG 风险。Sustainalytics 结合中国制药企业实际，根据不同公司在经营制药业务时面临的不同风险进行单独评估，同时对比每年的动态评分，进行动态跟踪和管理。

Sustainalytics 的 ESG 风险评级可以将中外企业进行对比，不断探索未来可提升方向。有研究采用 Sustainalytics 的 ESG 风险评级对北美、欧洲地区企业及中国企业在商业道德表现、产品管理、ESG 整合和数据隐私与安全 4 个方面的风险管理表现进行了研究，其中中国"风险可忽略"的企业数量仍需增加；在商业道德表现方面，有大约 12% 的中国企业属于中高风险类别；在产品管理方面，有将近 28% 的中国企业属于中高风险类别；在 ESG 整合方面，有 10% 左右的中国企业属于中高风险类别；在数据隐私与安全方面，有大约 8% 的中国企业属于中高风险类别。

随着时代的发展，Sustainalytics 预计中国消费者权利、可持续金融和数据隐私的意识将会增强，这将倒逼中国企业更加重视 ESG 管理。中国企业在未来可以进一步增加对 Sustainalytics 的 ESG 风险评级的研究与应用，让其更好地服务中国企业的发展，不断提升中国企业的国际竞争力和影响力。

ESG 与市值管理——更高、更强、更稳健

罗素投资、Sustainalytics 等知名机构多年来的研究显示，投资者、投资机构对于企业 ESG 表现的认可度越来越高。对于大多数投资者而言，上市公司的 ESG 表现是决定其是否长期持有该公司股票的一个起点，ESG 表现不好的企业将在第一轮考察中直接出局。实际上，ESG 表现对于企业市值管理的影响不仅仅局限于此，还表现在企业竞争力、避险考量等方面。

⊪ 高 ESG 表现企业能够带来更高的股息回报

于投资者而言，高 ESG 表现的上市公司往往意味着比同行更具长期竞争力。这种竞争优势既可以使企业更好地抓住外部 ESG 风险、机遇变化带来的市场契机，如气候变化、生物多样性资源利用等，也可以使企业内部更有效的管治效率、更好的人力资本开发或更好的创新管理。这种更持续的竞争力在市值上往往会反映出更好的股票溢价、更持久的市值增长空间。

更高的盈利导致更高的股息、更小的波动。由图 4-12 可知，以 MSCI 评级为参照研究对象，按评级结果将全球上市公司分为 5 个等级（Q1 ~ Q5，评级结果依次升高）。数据显示，与排名最低的 1/5（Q1）公司相比，ESG 评级高的公司（Q5）的利润更高，支付的股息更高。而对沪深 300 指数进行分析也可以发现 ESG 表现较高的分组（esg1）会比 ESG 表现较低的分组（esg5）在 2017—2019 年时间内有更高的累计收益且波动率更低。

更为持续的市值增长空间，如图 4-13 所示，ESG 表现或者评级带来的市值变化往往在一个较长周期可以反映出来。以 MSCI 新兴市场指数和 MSCI 新兴市场 ESG 指数为对比，从 2017—2019 年的刻度可以发现，两个指数的发展趋势整体一致，但 MSCI 新兴市场 ESG 指数的表现在 2019 年以

后明显比大盘有更多的市值空间和回报收益。

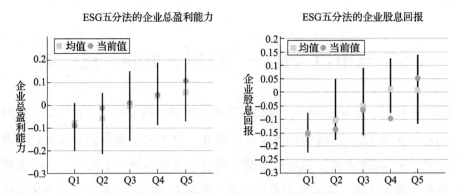

图 4-12 将上市公司 MSCI 评级分为 Q1 ～ Q5，可以发现 ESG 评级最高的 Q5 组
具有最高的盈利能力和更高的股息回报[①]

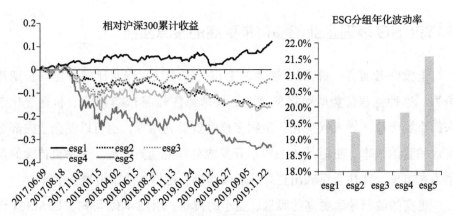

图 4-13 中证 ESG 评价分组收益与波动率

由图 4-14 可知，这些数据充分反映了 ESG 评级高的公司能够充分识别 ESG 领域的机遇风险，即规避必尽、应尽层面的风险，识别愿尽层面的机遇并转化为企业运营的策略，取得差异性竞争优势。这一竞争优势不仅是当下的，更是面向未来的，能够为企业带来更持久的回报，最终导致更高的盈利能力、股息回报及更强的抗风险能力。

---

① 来源于文章 *Foundations of ESG Investing：How ESG Affects Equity Valuation，Risk，and Performance*。

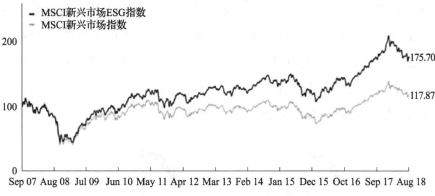

图 4-14 MSCI 新兴市场指数与 MSCI 新兴市场 ESG 指数十年市盈率

⚜ 更高 ESG 表现的公司具有更强的避险能力

评级机构对于上市公司的 ESG 表现评价往往聚焦于其面临的风险及对应的风险管理能力，因此 ESG 评级本身能够反映企业对于相关 ESG 风险的识别和管理能力，更高 ESG 评级的上市公司在宏观层面具有更强的抗逆境能力，在微观层面因能更好地规避声誉风险、供应链风险、合规风险等从而带来更稳定的市值回报。

更强大的抗逆境能力。当今世界黑天鹅、绿天鹅事件频发，不确定性越来越高，而 ESG 表现较好的企业往往具有更强的抗逆境能力。贝莱德咨询对近 10 年全球主要逆市阶段的大盘表现进行研究发现，不管是在 2015—2016 年的新兴市场能源板块下行时期，还是 2018 年美联储大规模政策行动期间，抑或是 2020 年以来新冠肺炎疫情影响以来，ESG 表现较好的上市公司其市值跑赢大盘的概率越来越高，如图 4-15 所示。

较低的风险水平带来更低的特殊风险事件发生频率。具有强烈 ESG 特征的公司通常在整个公司及其供应链管理中具有高于平均水平的风险控制和合规标准。由于更好的风险控制标准，高 ESG 评级的公司遭受欺诈、贪污、腐败或诉讼案件等严重影响公司价值的严重事件的频率较低。MSCI 在

2019 年的研究表明 2007—2015 年间，ESG 评级高的公司特殊风险事件频率为 0.719/ 年，而排名最低的 1/5 公司特殊风险事件频率则高达 2.180/ 年，表明 ESG 评级较高的公司更擅长缓解严重的业务风险。在不同的回撤阈值（25%、50% 和 95%）和回撤期（3 年和 5 年）中，ESG 评级高的公司的事件频率明显低于 ESG 评级低的公司。

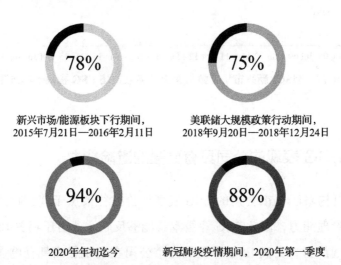

78%	75%
新兴市场/能源板块下行期间， 2015年7月21日—2016年2月11日	美联储大规模政策行动期间， 2018年9月20日—2018年12月24日
94%	88%
2020年年初迄今	新冠肺炎疫情期间，2020年第一季度

图 4-15 贝莱德咨询对四个不同时期全球上市公司 ESG 表现好的
企业市值跑赢大盘的比例

ESG 评级对公司的另一个影响是它提供了财务信息背后一系列非财务表现和表现相关的风险识别和管理水平。企业在 ESG 领域的风险识别和管理水平的影响力随着媒体传播的快速影响不断增加。ESG 的声誉问题，特别是在重大 ESG 议题领域的声誉表现可能会对市场份额产生不利影响。例如，世界上最大的政府养老基金——挪威的政府（全球）养老基金（Government Pension Found Global，GPFG），基于严重的环境问题将 5 家韩国公司排除在可投资领域之外。GPFG 因大宇国际在印度开发了一个棕榈油种植园项目而浦项制铁拥有大宇国际 60% 的股份，禁止了对浦项制铁和大宇国际的投资。上市公司失去这一庞大且稳健的资金来源，大幅增加了其融资成本，影响其市值表现。

以挪威的政府（全球）养老基金（GPFG）、丹麦劳动力市场补充养老基金（ATP）、日本政府养老投资基金（GPIF）为代表的养老金是海外 ESG 投资的先驱，其中 GPFG 已将 ESG 投资理念广泛应用于全部资产投资中，包括负面筛选、可持续主题投资、企业参与三大策略，近期也已加大对气候变化相关风险的关注。

第五章

CHAPTER 5

ESG 与投融资

港交所 IPO 的 ESG 要素

港交所强力落实 ESG 监管的决心已经"人尽皆知"。

在 2019 年 5 月修订《HKEX-GL86-16 香港交易所指引信》（以下简称《指引信》）、要求首次公开招股（IPO）申请人披露 ESG 信息后，港交所于 2020 年 7 月再次加码，要求申请人在上市前建立 ESG 机制，将监管压力从信息披露延伸至管理环节。

2020 年 12 月，港交所发布了市场观点和经验报告《迈向良好的企业管治及 ESG 管理》，列明 IPO 申请人应关注的公司管治事宜、ESG 汇报注意事项等，用以协助董事会全面考量 ESG 事宜。

2021 年 4 月发布的《检讨〈企业管治守则〉及相关〈上市规则〉条文》聚焦公司治理，提出六大建议，并告知，为强调上市程序加入 ESG 机制的重要性，当年会检视招股章程中的 ESG 披露资料，向 IPO 申请人提供进一步指引。

2021 年 11 月，港交所发布了检视结果《有关 2020/2021 年 IPO 申请人企业管治及 ESG 常规情况的报告》，对过去一年上市的 121 名 IPO 申请人的招股章程及新上市发行人的企业管治报告中的 ESG 相关信息提供了统计与解读，并提出针对性的改进建议。

这些举措让公司充分意识到 ESG 事宜对于上市程序的关键性，许多有意登陆港股的公司也开始在上市辅导中加入 ESG 内容、努力补足短板。如此一来，准确理解港交所对 IPO 申请人提出的 ESG 要求就变得至关重要。

❖ ESG 治理：监管前置，强调机制与风险

港交所积极推进 ESG 治理，对 IPO 申请人的要求体现在两大方面。

第一，ESG 治理事宜，具体包括申请人应建立机制，使其可预早符合港交所的企业管治和环境、社会及管治要求，因而在上市时已经符合规定。申请人的董事会共同负责申请人的管理及运营（包括建立此等机制）。我们预期董事参与制定有关机制及相关政策。

因此，我们建议申请人尽早委任董事（包括独立非执行董事），让他们参与制定必要的企业管治和环境、社会及管治机制与政策。

第二，ESG 风险管理事宜，具体为（披露）申请人的风险管理及内部监控系统详情，包括用以辨认、评估及管理市场、信贷、运作、环境（包括气候相关的）、社会及管治风险等重大风险的程序。

从港交所的检视结果看，121 名申请人中约有 1/3 就董事会对 ESG 事宜的监督进行了披露，并提到其已制定纳入了 ESG 元素的政策及风险管理系统；有 11% 的申请人披露其就 ESG 事宜的重要性评估，并且大部分并未在招股章程中识别重大 ESG 风险，如图 5-1 所示。

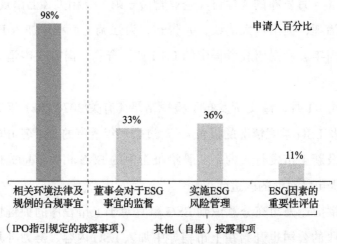

图 5-1　IPO 申请人有关 ESG 治理的披露内容

针对董事会对 ESG 监督的职责，拟上市公司应考虑以下提升措施。

● 在董事会讨论及策略规划中加入对 ESG 事宜的考虑。
● 进行重要性评估，以识别和评估所有对上市申请人业务及其持份者而言属重大的 ESG 事宜，并定期更新有关评估。

- 制定并定期检讨有关 ESG 风险管理的政策。
- 定期按照公司的目标检查 ESG 表现。
- 外聘顾问评估 ESG 事宜，并就有关事宜提供指引。

尤其对于 ESG 风险管理及 ESG 合规事宜，港交所并不满足于申请人仅对 ESG 风险重要性评估做出诸如"我们不涉及 / 不会面临任何重大 ESG 风险"的笼统否定陈述，亦批评了仅披露违法违规情况的做法。

事实上，拟上市公司应当在上市前便开展由董事会监督的 ESG 风险管理工作，制定 ESG 合规相关系统以监控、减轻公司面对的所有重大 ESG 风险，尽可能在招股章程中翔实说明 ESG 风险重要性评估的程序及讨论，并最好对业务运营做出全面考量、提供量化数据。

⊪ 公司治理：坚定关注董事会多元化

董事会多元化是公司开展良好治理的重要因素，能够促成更优决策，为业务发展提供长期动力，因而始终是港交所在 ESG 领域监管的重点。

港交所对 IPO 申请人的相关要求具体包括以下内容。

- 申请人应披露董事会成员多元化（包括性别）的政策。
- 若申请人的董事会成员全属单一性别，其应披露并解释：

（a）上市后如何及何时达到董事会成员性别多元化。

（b）为实施性别多元化政策而订立的可计量目标（如缺少的性别占董事会比例要于若干年达到某具体目标数字）。

（c）申请人为建立一个可以确保董事会成员性别多元化的潜在董事任人管道所采取的措施。

董事会多元化已成为各界广泛共识，港交所的 IPO 申请人显然也顺应了这一时代议题：被检视的 121 位申请人全部披露了董事会多元化政策，以及对其的定期检讨、更新机制。

　　董事会全员全属单一性别的申请人比例也在快速下降：2019 年占比 30%，2021 年上半年仅为 12%。存在此类问题的申请人全部披露了改进计划，预设的目标期限也明显缩短，如图 5-2 所示。

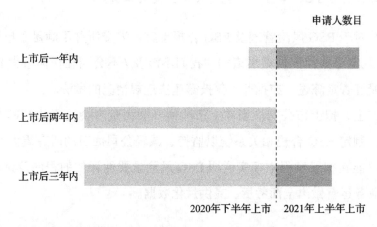

图 5-2　董事会全员全属单一性别的申请人达到董事会成员更多元化的目标期限

　　为了证明董事会的有效性和多元化承诺，申请人可以考虑在招股章程中披露更多信息，例如以下几点。①

- 董事会多元化的益处，以及能够在最大程度上招揽各类不同人才并加以留聘及激励员工的重要性。
- 董事会多元化状况（包括董事的性别占比），致使董事的多元才能及观点可配合公司的策略，以及实现任何多元化目标的进度。
- 董事会层面的招聘及甄选常规，特别是为确保能招揽多元背景的人选供发行人委聘而制定的程序，以及为公司各级人员而设的任何人才发展计划。

　　换言之，在调整董事会多元化构成的过程中，公司除了主动招募女性成员外，主动甄别具备工作和技能潜力的员工，将其逐步擢升至董事职位也是可行之举。这一思路也是将 ESG 监管要求下沉至人力资本方面的具体工作，

---

　　① 来源于港交所《有关 2020/2021 年 IPO 申请人企业管治及 ESG 常规情况的报告》。

是深度改善女性职场环境、培养女性领导力的优秀实践方法。

❖ 环境：响应时代，气候变化与 TCFD 是重点

港交所要求 IPO 申请人在招股章程的"业务"章节专项披露环境事宜，具体包括以下几点。

● 有关申请人的环境政策（包括气候相关政策）及遵守对申请人有或可能有重大影响的有关环境的法律及规例（包括业务记录期内每年遵守适用法例及规例的成本及预计未来的合规成本）的主要资料。

● 申请人的活动对环境及天然资源的重大影响及所采取与管理有关影响的行动的描述。

被抽检的 121 名 IPO 申请人中，绝大多数披露了某种形式的环境事宜，约 2/3 的申请人披露了环境主要范畴下的至少一个主要层面。[①]

此外，港交所本次重点检视了气候变化相关事宜的披露情况。当前已有部分申请人考虑到气候变化对其业务营运及策略制定过程的相关性，数名申请人进一步就应对气候变化造成的实体及过渡风险做出了高质量披露。此外，以耗用大量能源及在数字经济中运营的公司为代表的部分申请人，也就其内部政策如何配合低碳经济的发展提供了有意义的披露。

港交所在 2021 年 11 月正式发布了《气候信息披露指引》，为发行人按照 TCFD 框架准备的披露提供了指引。IPO 申请人也可以考虑更多举措，并在招股章程中做出披露，例如以下几点。

● 监督气候变化相关议题，如董事会在监督、评估及管理气候相关风险及机遇方面的整体责任、管理层的角色（如适用），以及任何用于应对气候相关问题的政策详情。

● 气候相关风险及机遇对业务、策略及财务表现造成的实际及潜在影响。

---

① 来源于港交所《有关 2020/2021 年 IPO 申请人企业管治及 ESG 常规情况的报告》。

- 识别及评估短期、中期及长期气候相关风险及机遇、有关风险及机遇对业务、策略及财务汇报的影响，以及用于减轻有关风险的步骤。
- 有关用于评估及管理气候相关风险的指标及目标的量化资料。

⇛ 社会：鼓励加强对供应链的 ESG 管理

在现行的《指引信》中，港交所对 IPO 申请人的社会范畴要求具体包括以下几点。

- （披露）有关申请人的薪酬及解雇、平等机会、多元化、反歧视，以及其他待遇及福利政策的主要资料。
- 职业安全措施，记录及处理意外的系统、政策的实施，以及申请人的健康及工作安全合规记录。
- 申请人运营时的重大意外数目、是否导致有任何人命或财产损失的索偿或雇员做出的赔偿。

本次被检视的 121 名申请人中的大部分都披露了相关事宜，尤以职业健康与安全相关的体系、政策、合规记录及重大意外为主。[①]

港交所对 IPO 申请人的社会层面要求基本与《ESG 报告指引》中的 B1雇佣及 B2 健康与安全一致，但同时建议考虑其他可能对公司造成重大影响的社会事宜，特别是供应链管理工作。

供应链对公司的可持续表现至关重要。因此，IPO 申请人也被建议识别、监控及管理供应链上的环境及社会风险，这也有助于公司在上市后遵守相关规定。作为改进提升措施，IPO 申请人可以考虑以下几点。

- （就遵守相关法律及规例而言）引用国际认可资格及证书作为拣选供应商的资格准则。
- 提供用于评估供应商适合性的因素列表，包括产品安全及生产设施对环境

---

① 来源于港交所《有关 2020/2021 年 IPO 申请人企业管治及 ESG 常规情况的报告》。

造成的影响等范畴的指标。

总体而言，于 IPO 监管措施中加入 ESG 考量，既是在当前全球 ESG 风险显著上升的宏观背景下的必行之势，也能为公司、投资者和社会整体创造更为长久的价值，诸如帮助公司增强外部融资能力、降低信息不对称、推动可持续金融体系的建设等。

对于拟上市公司而言，在努力满足 ESG 监管要求的同时，也应理解并坚持为利益相关方负责的理念，尽早开展相关工作，将之真正融入公司的血脉和文化，而非停留在"画饼"层面。

"推行良好的企业管治模式及 ESG 措施绝非'例行公事'。规则和制裁虽然有其监管功能，但不能单靠它们改变企业的行为。转变需要从高层的思维改变开始。"港交所的这一警示，值得我们深刻铭记。

科创板 IPO 的 ESG 行动策略

2019 年 7 月 22 日，万众瞩目的上海证券交易所科创板鸣锣开市，承担了试点证券发行注册制的重要改革任务，也为我国发展高新技术提供了强劲的助力。科创板开市两年以来，已吸引超过 300 家"硬科技"企业实现上市，总市值超过 5 万亿元。

与传统型企业不同，科创板企业处于前沿科技的探索中，面临着更多的未知风险，以及更大的发展机遇。环境、社会和公司治理（ESG）赋予科创板企业更好应对其风险与机遇的思路、方法，也为广大投资者提供了更好了解科创板企业、综合判断企业投资价值的机会。

这也就不难理解，上海证券交易所相继发布《科创板股票上市规则》《科创板上市公司自律监管规则适用指引第 2 号——自愿信息披露》等文件，对科创板上市公司 ESG 信息披露、ESG 管理提出了明确的要求及建议。

可见，ESG 事项已然成为科创板首次公开招股（IPO）申请人不得不关注、重视的事项。那么，科创板 IPO 申请人应该从哪些方面加强 ESG 信息披露、管理与实践呢？

⇛ 不可或缺，ESG 信息融入招股说明书，树立投资者心中的第一印象

科创板试点以信息披露为核心的证券发行注册制，因而科创板在受理、审核、注册、发行、交易等各个环节更加注重信息披露。虽然《科创板股票上市规则》等文件，并没有明文要求 IPO 过程中必须披露 ESG 信息，但并不意味着科创板 IPO 申请人不需要披露 ESG 信息。

从成熟资本市场的 ESG 进程来看，ESG 信息披露要求终将延伸至 IPO 过程

2020 年 7 月，港交所更新《首次公开招股指引信》[①]（见图 5-3 ），特别强调，IPO 申请人董事会须在上市过程中建立企业管治及 ESG 机制，并在招股章程中披露。[②] 纽交所在发布的《IPO 指南》中要求，准备 IPO 的企业应制定 ESG 事宜的沟通战略，在上市前制定 ESG 计划，并在招股说明书中进行披露。

> 3.7（a）申请人应建立机制，使其可预早符合港交所的企业管治与环境、社会及管治要求，因而在上市时已经符合规定。申请人的董事会共同负责申请人的管理及营运（包括建立此等机制）。我们预期董事参与制定有关机制及相关政策。（于2020年7月更新）
> （b）因此，我们建议申请人尽早委任董事（包括独立非执行董事），让他们参与制定必要的企业管治与环境、社会及管治机制和政策。（于2020年7月更新）

图 5-3　港交所《首次公开招股指引信》ESG 相关条款

从过往科创板 IPO 企业的实践来看，在招股说明书中真实披露 ESG 信息很有必要

相关调查显示，科创板企业从 IPO 时就已经开始披露 ESG 信息，在首批上市的 25 家科创板企业《招股说明书》中，全部 25 家企业或多或少都披露了 ESG 相关信息，以期给投资者留下更好的印象。

此外，科创板 IPO 企业在招股说明书中不披露或刻意隐瞒重大 ESG 信息，甚至会直接阻碍上市之路。上交所科创板股票审核专栏显示，微众信科在科创板上市审核时发现，该公司存在实控人涉嫌重大违法行为的行为。但其招股说明书中强调不存在相关事项，向投资者隐瞒了在公司治理（G）范畴内的重大风险，其近 10 个月的科创板 IPO 之路以上交所终止审核而告终 [③]。

[①]　来源于港交所官网文章。
[②]　来源于首次公开招股指引信：HKEX-GL86-16。
[③]　来源于人民网百家号文章。

登录科创板需要通过重重关卡，在以信息披露为核心的注册制下，科创板 IPO 申请人应该如何做好 ESG 信息披露呢？

将 ESG 重要事项纳入招股书说明书等申请材料

在遵循真实性、全面性、重要性等原则的基础上，按照科创板上市公司 ESG 信息披露规则，在招股说明书"风险因素""业务与技术""公司治理"等章节中，披露环保策略与计划、自身及供应链环境违规事项等环境（E）范畴信息，安全生产、产品质量安全、员工权益等保障措施及违规处置情况等社会（S）范畴信息，以及董事会独立性、董事会多元化、保障中小投资者权益等公司治理（G）范畴信息。特别地，科创板 IPO 申请人应该严格遵守科学伦理规范，避免科技研发和使用对自然环境、生命健康、公共安全、伦理道德的影响，并披露相关信息，方便投资者全面了解企业，并做出更好的投资决策。

在接受审核问询时，要重视重大 ESG 问题的前置化处理

《科创板股票发行上市审核规则》[①] 要求，审核问询发出后，IPO 申请人应该及时、逐项回复，并补充修改上市申请文件（见图 5-4）。首轮问询问题通常覆盖招股说明书中包括 ESG 信息在内的全部内容，IPO 申请人需要关注信息披露是否充分、是否一致、是否易于理解等。后续几轮问询则是对第一轮问询的补充及深化，更加聚焦关键问题、注重揭示风险，IPO 申请人应该提前分析、应对面临的 ESG 风险及影响，检讨已发生的重大 ESG 负面事件，从而在审核问询时能及时、高效回复。

例如，近年来互联网行业发生的劳资纠纷事件。交易所在对互联网企业 IPO 申请进行审批时，可能询问 IPO 申请人是否采取科学措施，保障员工基本权益不受侵害。IPO 申请人需要就类似的重大 ESG 问题提前做好准备，并在上市申请材料中披露包含投资者评估 ESG 风险影响所必需的信息。

---

① 来源于上海证券交易所科创板文章。

> **第四十二条**　发行人及其保荐人、证券服务机构应当按照本所发行上市审核机构审核问询要求进行必要的补充调查和核查，及时、逐项回复本所发行上市审核机构提出的审核问询，相应补充或者修改发行上市申请文件，并于上市委员会审议会议结束后十个工作日内汇总补充报送与审核问询回复相关的保荐工作底稿和更新后的验证版招股说明书。
>
> 　　发行人及其保荐人、证券服务机构对本所发行上市审核机构审核问询的回复是发行上市申请文件的组成部分，发行人及其保荐人、证券服务机构应当保证回复的真实、准确、完整，并在回复后及时在本所网站披露问询和回复的内容。

图 5-4　《科创板股票发行上市审核规则》审核程序条款

⁜ 未雨绸缪，认真审视自身 ESG 管理，持续推进 ESG 事务才是根本

对于拟上市企业而言，没有持续的 ESG 管理与实践，就没有充足的 ESG 信息来源，也没有发现 ESG 机遇、应对 ESG 风险的机制。认真审视公司的 ESG 管理与实践情况，未雨绸缪才能运筹帷幄，至少应该从以下几个方面持续推进。

构建行之有效的管理架构

联合国支持的"负责任投资原则"组织（PRI）面向境内外 40 家机构投资者的调查（见图 5-5）显示，与中资上市公司沟通 ESG 的主要障碍包括难以获得有价值的答复、接触不到 ESG 对口部门或人员、投资者关系（IR）人员不懂 ESG 等，对中资上市公司而言，建立 ESG 治理架构是当务之急[1]。

接触不到公司	4
接触不到ESG对口部门或人员	20
公司不愿意回复询问	13
公司回复十分缓慢	8
IR人员不懂ESG	26
难以获得有价值的答复	29
语言障碍	3

图 5-5　机构投资者与中资上市公司沟通 ESG 主要障碍

---

[1]　来源于搜狐官网文章。

事实上，对于拟上市企业在内的大多数企业而言，如何构建 ESG 治理架构是个难题。设置 ESG 治理架构"没有唯一正确的答案"，可以结合公司治理需求、营业规模、业务的社会影响等实际情况进行综合考虑，通常包括以下几种形式：设立不属于董事会的 ESG 委员会，但由董事长直接担任主任，下设秘书处、工作小组，如伊利设立的可持续发展管理架构；在董事会层面设专门委员会负责 ESG 事项，负责相关事项的决策、指导，下设 ESG 专项工作小组，如中化国际设立的可持续发展管理架构；"虚设"功能性 ESG 委员会，即不设置 ESG 委员会，但有专门的程序或机制将 ESG 因素纳入企业决策和活动，适用于董事人数有限的小型企业。

另外，应将投资者关系管理的职责纳入 ESG 治理架构。2021 年 2 月 5 日，证监会发布《上市公司投资者关系管理指引（征求意见稿）》[①]，在沟通内容中增加公司的环境保护、社会责任和公司治理信息，ESG 成为投资者关系管理的重要内容。在 ESG 治理架构明确投资者关系管理职责，将改善以往投资者关心的非财务信息分散在各个部门，难以及时回应投资者的情况。

拟上市企业可以抓住上市前股改等契机，构建适合自身需求的 ESG 治理架构。但无论成立哪种 ESG 治理架构，都应该形成常态化运行机制，包括明确 ESG 委员会、工作小组等权力和职责，建立健全 ESG 决策、沟通、汇报机制等，推动 ESG 事项融入日常经营活动。

符合 ESG 监管政策要求

对于拟上市企业，应该提前做好准备，遵循现有的监管要求，持续关注 ESG 监管动态，不要等到上市以后才"事后诸葛"。

2019 年 4 月，《上海证券交易所科创板股票上市规则（2020 年 12 月修改）》[②]对科创板上市公司披露 ESG 信息、履行 ESG 责任提出了强制性要求（见图 5-6）[③]，对于不遵守该规则的监管对象，将视情节轻重，采取监管措施，

---

① 来源于中国投资者网文章。
② 来源于上海证券交易所文章。
③ 来源于《上海证券交易所科创板股票上市规则：上证发〔2020〕101 号》。

4.4.1 上市公司应当积极承担社会责任，维护社会公共利益，并披露保护环境、保障产品安全、维护员工与其他利益相关者合法权益等履行社会责任的情况。

上市公司应当在年度报告中披露履行社会责任的情况，并视情况编制和披露社会责任报告、环境责任报告等文件。出现违背社会责任重大事项时应当充分评估其潜在影响并及时披露，说明原因和解决方案。

4.4.2 应当将生态环保要求融入发展战略和公司治理过程，并根据自身生产经营特点和实际情况，履行下列环境保护职责：

（一）遵守环境保护法律法规与行业标准；（二）制订执行公司环境保护计划；（三）高效使用能源、水资源、原材料等自然资源；（四）合规处置污染物；（五）建设运行有效的污染防治设施；（六）足额缴纳环境保护相关税费；（七）保障供应链环境安全；（八）其他应当履行的环境保护事项。

4.4.3 应当根据自身生产经营模式，履行下列生产安全及产品安全保障责任：

（一）遵守产品安全法律法规与行业标准；（二）建立安全可靠的生产环境和生产流程；（三）建立产品质量安全保障机制与产品安全应急预案；（四）其他应当履行的生产安全与产品安全责任。

4.4.4 应当根据员工构成情况，履行下列员工权益保障责任：

（一）建立员工聘用解雇、薪酬福利、社会保险、工作时间等管理制度及违规处理措施；（二）建立防范职业性危害的工作环境与必要的安全措施；（三）开展必要的员工知识和职业技能培训；（四）其他应当履行的员工权益保护责任。

4.4.5 上市公司应当严格遵守科学伦理道德规范，尊重科学精神，恪守应有的价值观念、社会责任和行为规范，发扬科学技术的正面效应。上市公司应当避免从事开发和使用危害自然环境、生态环境、公共安全、生命健康、伦理道德的科学技术，不得从事侵犯个人基本权利或损害社会公共利益的研发经营活动。

上市公司在生命科学、人工智能、信息技术、新材料等科技创新领域开发或者使用创新技术的，应当遵循审慎和稳健原则，充分评估其潜在影响及可靠性。

图 5-6 《科创板股票上市规则》ESG 相关条款

进行纪律处分。科创板 IPO 申请人应该积极履行环境保护、生产及产品安全保障、员工权益保障、科学伦理规范等 ESG 责任，并按要求披露 ESG 信息。

2020 年 9 月，《科创板上市公司自律监管规则适用指引第 2 号——自愿信息披露》[①] 发布，鼓励科创板上市公司披露一般性和个性化 ESG 信息（见图 5-7）[②]。科创板 IPO 申请人可以主动披露包括污染物排放、能耗结构、职业健康安全、产品安全、治理结构、投资者权益保护等更大范围、更具体化的 ESG 信息，帮助投资者全面深入了解企业情况。

> 科创公司可以在根据法律规则的规定，披露环境保护、社会责任履行情况和公司治理一般信息的基础上，根据所在行业、业务特点、治理结构，进一步披露环境、社会责任和公司治理方面的个性化信息。具体包括：
> 1.需遵守的环境保护方面的规定、污染物排放情况、环境保护设施建设及投入、主要能源消耗结构等。
> 2.劳动健康、员工福利、员工晋升与培训、人员流失等员工保护和发展情况。
> 3.产品安全、合规经营、公益活动等履行社会责任方面的信息。
> 4.公司治理结构、投资者关系及保护、信息披露透明度等公司治理和投资者保护方面的信息。

图 5-7 《科创板上市公司自律监管规则适用指引第 2 号——自愿信息披露》ESG 相关条款

并非所有 ESG 议题都同等重要

不同科创板 IPO 申请人需要关注的 ESG 议题存在差异。注册金融分析师协会的调研显示，ESG 因素与财务表现的相关性因领域、行业而异。

可以参考国际成熟的 ESG 重要性议题工具和流程，进行行业重要性议题识别。例如，摩根士丹利资本国际公司（MSCI）、SASB 提供了不同行业的实质性议题地图，如表 5-1 所示。

有的放矢，切不可按章照抄。重要性 ESG 议题还受到行业特征之外的因素影响，科创板 IPO 申请人应该充分结合自身业务运营情况进行评估。通过引入利益相关方参与实质性调研的方式，动态评估对企业经营和对利益相关方均产生重大影响的 ESG 议题。将重点放到重要性议题管理和实现明确

---

① 来源于上海证券交易所文章。

② 来源于《上海证券交易所科创板上市公司自律监管规则适用指引第 2 号——自愿信息披露：上证发〔2020〕70 号》。

的 ESG 目标上，建立问责制，同时对外披露差异化、重要性 ESG 信息，有针对性地回应投资者关切的问题。

表 5-1　综合 MSCI 行业实质性地图、SASB 行业实质性议题整理

科创板行业	重要性ESG议题
新一代信息技术	温室气体排放、客户隐私、数据安全、员工多元化与包容性、反垄断……
高端装备	温室气体排放、产品质量与安全、废弃物管理、职业健康安全、供应链管理……
新材料	温室气体排放、废弃物管理、职业健康与安全、产品质量与安全、产品全生命周期管理……
新能源	温室气体排放、能源管理、产品质量与安全、供应链管理、产品全生命周期管理……
节能环保	温室气体排放、能源管理、水资源管理、废弃物管理、产品质量与安全、供应链管理……
生物医药	温室气体排放、废弃物管理、生物多样性保护、产品质量与安全、负责任营销、反腐败与贿赂……

例如，对于生物医药企业而言，避免原材料对生物资源的依赖和侵害，杜绝产品的虚假宣传等问题，可能对企业经营效益乃至长期发展产生较大的影响。因而生物医药企业在申请科创板 IPO 之前，就应该结合自身实际，进行准确识别、加强相关议题的持续管理。

率先垂范，发布高质量的 ESG 报告，获得更广泛的认可与支持

在招股说明书等申请材料中，披露 ESG 信息难道还不够吗？其实，还可以做得更好。相比招股说明书等上市申请材料，ESG 报告包含更加全面、丰富的 ESG 管理、实践及绩效信息，是与投资者、客户、员工、供应商等更广泛的利益相关方进行透明沟通的重要载体。一本完整的 ESG 报告，更能反映企业对 ESG 管理的系统性和战略性思维。

现阶段，科创板 IPO 申请人发布 ESG 报告仍处于起步阶段。根据科创数据研究中心统计，截至 2021 年 6 月 22 日，295 家科创板上市企业有 24 家（占比 8.14%）发布了独立社会责任报告，其中 2 家发布的报告名为"环

境、社会、公司治理（ESG）报告"。

科创板 IPO 申请人可以参考全球报告倡议组织发布的标准、可持续会计准则（SASB 准则）等国际通用报告标准，以及证券交易所 ESG 报告指引，并认真学习同行先进企业已经发布的 ESG 报告，先探索发布一份 ESG 报告，再逐步提高 ESG 报告质量，积极回应投资者等利益相关方的关切问题，树立良好的企业形象。联合国可持续证券交易所倡议（SSE）收录了包括上交所、深交所、港交所等在内的全球 60 余家证券交易所关于 ESG 报告或信息披露的指引文件，为编制发布 ESG 报告形成有益的指导。

越来越多的科技创新型企业争相登录科创板，在 ESG 监管日趋严格、ESG 投资如火如荼的趋势下，科创板 IPO 企业的 ESG 工作任重而道远。ESG 已成为科创板 IPO 的刚需，还不早作准备更待何时？

可持续发展挂钩债券：ESG 融资军令状

诺华制药是全球三大药企之一，研制的药物每年触达全球 7.5 亿人口。2018 年，电影《我不是药神》将诺华和它的明星产品白血病靶向药"格列卫"带入了公众视野，也让更广泛的非专业人士了解到原研药投入高、定价高与普通患者获取难、负担难之间的商业道德困境。

事实上，诺华从很早就开始关注"药品可及性"这一 ESG 议题，即帮助患者以可承担的价格，安全、实际地获得适当、高质量及文化上可接受的药品，并方便地获得合理使用药品的相关信息。2017 年[①]，诺华将这一议题系统性融入公司发展战略，以期通过研发、调整价格、加强与当地医疗系统合作等方式，增强药物对于低收入国家患者的可及性。但这需要巨量的资金投入。

2020 年 9 月[②]，诺华发行了一只规模 18.5 亿欧元的债券。与其他债券迥异的是，诺华将票息与"药品可及性"挂钩，为自己立下"军令状"：募集资金将被用于公司的整体发展，但若至 2025 年无法完成低收入国家患者对战略创新疗法可及性增加至少 200%、对旗舰项目可及性增加至少 50% 的量化目标，则会将票息上浮 25 个基点。

这只债券正代表了 ESG 浪潮下创新产生的债务融资工具：可持续发展挂钩债券。

✦ 灵活：让"非典型玩家"也能入局

"可持续发展挂钩债券圣经"——国际资本市场协会（ICMA）发布的

---

①② 来源于 Novartis 官网报告。

《可持续发展挂钩债券原则》是具有一定财务和 / 或结构特征，且该特征会根据发行人是否实现其预设的可持续发展 /ESG 目标而发生改变的债券。与 ESG 领域传统的绿色、社会和可持续发展债券（GSS 债券）相比，可持续发展挂钩债券有两大亮点。

第一，它与绩效指标绑定，体现了管理前瞻性。可持续发展挂钩债券要求发行人预先明确、设定并承诺在预定时间内改善其在 ESG 方面的绩效表现，具体包括以下几点。

● 通过预设的关键绩效指标（KPI）进行衡量。
● 根据预设的可持续发展绩效目标（SPT）进行比对评估。

如果绩效无法达成，则会触发票息调整、提前赎回等特殊条款。诺华制药就围绕着"2025 年药品可及性目标"这一 KPI，预设了低收入国家患者对战略创新疗法可及性增加至少 200%、对旗舰项目可及性增加至少 50% 两个量化 SPT，并进行了"目标无法完成即上调票息"的财务设计。

第二，它的分类不取决于募集资金用途，资金不需与特定项目相关联。GSS 债券需要发行人提前确认募资项目，尤其绿色债券更是要求必须将收益用于《分类法》《绿色债券支持项目目录》等政策法规明确界定的绿色项目。而可持续发展挂钩债券则不然，发行人可以自行灵活决定资金去向，一切都以绩效目标的最终实现情况衡量。

还是以诺华的可持续发展挂钩债券为例，它的拟定用途就是"一般企业用途，可能包括对现有债务的再融资"。

这些特征为可持续发展挂钩债券带来了极大的灵活性。在此之前，GSS 债券中尤以绿色债券最为成熟，发行人以能源、基建、房地产等行业主体居多，这既是因为它们处于温室气体减排的最前线、绿色融资需求最为迫切，也是因为它们具备更多可用于支持绿色债券的绿色项目。而可持续发展债券则允许更多"非典型发行人"使用债券工具为 ESG 目标融资，包括难以形成独立的可持续发展项目的中小型主体，以及缺少绿色项目的公司。

　　皇家阿霍德德尔海兹集团就是一大受益者。它主要经营连锁超市，是欧洲和北美地区的零售业巨头，但零售业企业绝非 GSS 债券的常规发行人，业内仅 NorgesGruppen 和 Co-op 等极个别大型公司发行过绿色或可持续发展债券，用于绿色交通、土地使用等用途，而连锁超市面对的 ESG 议题显然不止于此。2021 年 3 月，集团发行了总额 6 亿欧元的可持续发展挂钩债券，设定了减少碳排放和减少食物浪费两大 KPI。前者是 ESG 融资领域的传统目标，后者是 GSS 债券的少见议题，但也无疑是零售业最具实质性的 ESG 议题之一。可持续发展挂钩债券的灵活性让这位"非典型玩家"的"一箭双雕"融资策略成为可能。

　　统计数据也证实了这一观察。自 2019 年意大利国家电力公司发行首只可持续发展挂钩债券以来，此类债券的全球累计发行规模已达 180 亿美元。与绿色债券相比，可持续发展挂钩债券的发行人分布更为多样均衡，如主要消费品和医疗保健分别占据了 13% 和 8% 的发行份额，而它们在绿色债券中占比仅为 2% 和 0%，如图 5-8 所示。

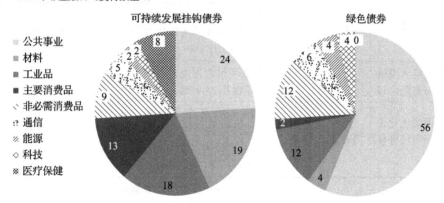

图 5-8　非金融公司的可持续发展挂钩债券发行比例 [①]
数据截至 2020 年 12 月 31 日。

---

①　来源于标普 Market Intelligence。

⬡ 雄心：对赌机制彰显公司 ESG 决心

绩效指标绑定、资金用途灵活，归根结底是一种"以让利换空间"的机制。无论是否持有 ESG 理念，各类投资者都可以从中发现适合自己的卖点。以 2021 年中国首批发行的可持续发展挂钩债券来看[①]（见表 5-2 中的第 1～7 只债券），总体规模 73 亿元的 7 只债券均获得市场机构积极认购：共计 81 家投资人参与认购，平均认购倍数为 2.09 倍，最终 43 家机构成功认购，票面利率普遍低于发行人同期二级市场的利率水平。

表 5-2　中国可持续发展挂钩债券（至 2021 年 12 月）[②]

发行人	规模	期限	SPT	未实现目标条款变化
广西柳州钢铁集团有限公司	5 亿元	2+1 年	2022 年单位产品（粗钢）氮氧化物排放量为 0.935kg/t，较 2020 年下降 0.188kg/t	两年期末债券再延续 1 年，第 3 年利率跳升 50bps
大唐国际发电股份有限公司	20 亿元	3 年	2022 年京津冀区域公司单位火力发电平均供电能耗下降至 296.8gce/kWh	第二个付息日赎回全部债券
红狮控股集团有限公司	3 亿元	3 年	2023 年单位水泥生产能耗下降至 77kgce/t	利率跳升 20bps
中国华能集团有限公司	15 亿元	3 年	2021—2023 年甘肃公司可再生能源发电新增装机容量不低于 150 万 kW	利率跳升 10bps
国电电力发展股份有限公司	10 亿元	3 年	2022 年风力发电总装机量较上年增长 11.95%	利率跳升 20bps
山西煤业化工集团有限责任公司	10 亿元	3 年	2024 年吨钢综合能耗、新能源装机规模、火电供电标准煤耗分别达到 430kgce/t、400MW、317gce/kWh	若有任意一项未达到，则利率跳升 20bps
中国长江电力股份有限公司	10 亿元	3 年	2023 年年末可再生能源管理装机容量不低于 7100 万 kW，总装机容量相比 2020 年 9 月末增长幅度不低于 45%	利率跳升 25bps

---

① 来源于新浪金融文章。
② 来源于绿色金融与 ESG 国际研究及各债券框架。

续表

发行人	规模	期限	SPT	未实现目标条款变化
南京江北新区公用控股集团有限公司	4 亿元	3+2 年	2023 年 12 月 31 日，江北新区江水源热泵供能总面积不低于 25 万平方米；2025 年 12 月 31 日，江北新区江水源热泵供能总面积不低于 200 万平方米	若 SPT1 未达到，则第 3 年利率跳升 10bps；若 SPT2 未达到，则第 5 年利率跳升 10bps
山东钢铁集团有限公司	10 亿元	3 年	2022 年 12 月 31 日，吨钢综合能耗不超过 592kgce/t	第二个付息日赎回全部债券
宝山钢铁股份有限公司	50 亿元	3 年	2023 年吨钢氮氧化物排放量不超过 0.63kg/t（粗钢），相比 2020 年下降 6%	利率跳升 10bps
广东惠州平海发电厂有限公司	3 亿元	3 年	2023 年 12 月 31 日，公司单位火力发电平均供电煤耗下降至 290.33g/kWh，并根据国家或广东省相关政策要求，对应各履行年份，在国家碳交易市场或广东省碳交易市场完成履约	利率跳升 10bps

　　同时，发行人因这种"对赌机制"承受了更大压力。正如中国银行间市场交易商协会在推行可持续发展挂钩债券时表达的初衷：通过债券结构设计，在向发行人提供资金支持的同时，锁定发行公司整体的碳减排目标或主营业务的碳减排效果，敦促企业有计划、有目标地实现可持续发展，助推经济可持续发展。换言之，KPI 考核推动着发行人对 ESG 进展做出更为深度和精细化的管理。

　　敢于"接受考核"的公司无疑更明确有力地彰显了 ESG 发展雄心，发债过程也是对自身 ESG 现状的一次全面检视机会。中国首批 7 只可持续发展挂钩债券中，规模最大的一只来自大唐国际发电股份有限公司。在发行过程中，公司与各方沟通，通过财务管理部牵头与生产运营部、证券合规部等合作设定指标，确定了将发行期限与京津冀区域火力发电的平均供电煤耗相

绑定的计划方案。① 而从国际发行情况来看，发行企业类型及所选择的 SPT
更为多样，特殊条款的设置也更为灵活，如表 5-3 所示。

表 5-3　国际可持续发展挂钩债券案例 ②

发行人	规模	SPT	未实现目标条款变化
意大利电力公司	32.5 亿欧元	2023 年温室气体排放量低于或等于 148 克二氧化碳当量 / kWh	利率跳升 25bps
西斯班造船厂	2 亿美元	在替代燃料方面对船舶收购、新造船和船舶改造的总价值至少为 2 亿美元	利率跳升 50bps
新世界发展（地产）	2 亿美元	2025/2026 财年前大湾区出租的物业实现 100% 可再生能源应用	发行人每年购买相当于债券未偿还金额 0.25% 的碳抵消，直至债券到期
A2A 能源	5 亿欧元	2025 年温室气体排放量低于或等于 296 克二氧化碳当量	利率跳升 25bps
罗马机场	5 亿欧元	2027 年范围 1 和 2 的温室气体排放量相比 2019 年减少 53%，认证审核时保持 ACA 级别 4+，范围 3（不包括飞机来源）的温室气体排放量相比 2019 年降低 7%	若 3 个 SPT 中有任意一个不满足，利率跳升 12.5bps；有任意 2 个不满足，利率跳升 19bps；3 个全部不满足，利率跳升 25bps

　　当前看来，发行人所选择的 SPT 主要以环境相关内容为主，如温室气
体减排、新能源设备改造等，既是顺应时代需求，同时也能以此为驱动力，
带动产品研发、原材料、供应链等更广泛的管理实践转型，与 ESG 战略和
布局互促互补。

　　2020 年 3 月，国际知名奢侈品公司香奈儿发布了 Mission 1.5° 气候战
略，制定了"两减两增"的战略目标，包括降低碳减排量和可再生电力使用
率、进行碳抵偿投资、支持景观和社区的环境保护等。在此战略的指导下，
公司在持续推进可再生电力使用、泥炭地修复项目投资等工作。然而，香奈

---

① 来源于工商银行官网文章《大唐国际成功发行首批 20 亿元可持续发展挂钩债券》。
② 来源于绿色金融与 ESG 国际研究及各公司官网。

儿依然面临时尚行业的可持续发展"顽疾",尤其在原材料和供应链管理方面。正如 Mission 1.5° 气候战略所述,公司对于核心原材料的供应链有"良好理解",但对其他方面尚在"努力提升追溯能力"。动物皮毛制品就是一个典型例子:香奈儿表示自身已倾向于使用食品产业的副产品作为动物皮毛来源,但难以全然确保,也并非长久之计。在气候战略发布半年后,香奈儿发行了 6 亿欧元的可持续发展挂钩债券,围绕碳减排和可再生电力使用设定了以下 3 项 SPT。

- 至 2030 年,范围 1 和范围 2 的碳排放绝对值下降 50%(以 2018 年为基线)。
- 至 2030 年,范围 3 的碳排放绝对值下降 10%(以 2018 年为基线)。
- 至 2025 年,运营所用电力 100% 使用可再生电力。

募集资金将被用于投资可持续材料领域的初创研发公司、激励供应商采用可再生能源、在运营关键地区为社区可再生能源项目提供直接资金支持。[1] 香奈儿的 Mission 1.5° 气候战略与债券设计体现了高度一致性,既可见公司通过债券为战略行动融资、全面但策略性地支持战略目标达成,又向投资者等利益相关方展示了接纳外部压力监督并促进 ESG 转型的雄心。值得一提的是,正如品牌掀起了百年时尚新潮,在 ESG 融资方面,香奈儿再次引领行业:巴宝莉、普拉达等巨头紧随其后采取行动,以可持续发展挂钩债券助力自身 ESG 战略落实。[2]

⸭ 实质:以关键量化绩效指标防范"洗绿"

所有引人入胜的故事都有一个共同点:绝不会一帆风顺。可持续发展挂钩债券的故事也是同样。围绕着它的最大争议是"洗绿"。法国巴黎银行全球首席可持续发展官就一针见血地指出:"在某些地区,我们已经看到围绕可持续发展挂钩债券的大量'洗绿'案例。"[3]

---

[1]　来源于报告 *Chanel Sustainability-linked Bond Framework*。
[2][3]　来源于中国银行间市场交易商协会报告。

1986 年，美国环保主义者杰伊·维斯特维尔德在斐济度假。风光旖旎，酒店宜人，然而他却敏感地发现了矛盾之处：酒店运营商一边号召住客做些重复使用毛巾一类的小事、号召大家减少对环境的破坏，同时却在环境敏感的热带海域大兴土木、干扰当地生态。由此，他提出了"洗绿"概念，用以描述那些以"环境之友"的伪装掩盖破坏环境与社会行径，试图以此保全和扩大自身市场或影响力的公司。雪佛龙石油公司、化学巨头杜邦等知名公司都曾陷入"洗绿"指责。

对于可持续发展挂钩债券而言，"洗绿"挑战在于两大方面。

第一，发行人选定的绩效指标可能偏向保守，无法发挥债券的环境和社会效益。例如，有些发行人的温室气体 KPI 仅关联其二氧化碳排放量的一小部分，或者与公司的商业模式几乎没有相关性。

第二，发行人选定的绩效指标可能难以科学地量化评估、难以有效地被外部审验。这尤其体现在社会指标或非温室气体相关的 KPI 上，因为当前国际上在相关方面尚且缺少公认的基准或同行目标可供参考。

ICMA 在制定《可持续发展挂钩债券原则》时确实考虑到这些风险，并制定了相关规范，如 KPI 应与发行人的战略高度相关，可基于一致的方法论进行计量或量化，可进行外部验证并且可以进行基准标杆比对，SPT 应该按照高标准和高要求设定、代表每个关键绩效指标比"一切照常"情景更好等。但这无法完全杜绝问题的发生。以色列医药公司梯瓦在 2021 年 10 月发行的 50 亿美元可持续发展挂钩债券，就在绩效目标上被投资者广为诟病。

梯瓦在社会范畴设定了一个 KPI，即提升在中低收入国家的药品可及性。然而其具体 SPT 与增加世界卫生组织基本药物清单中的中低收入国家新提交、而非获批的累计总数有关，这显然大大降低了指标的"雄心"程度。在环境方面，梯瓦以降低范围 1 和范围 2 为目标。这依然过于保守了，毕竟范围 3 的排放量占公司碳影响的 90%，才是公司真正应当着力解决的挑战。

为了规避"洗绿"问题，欧洲中央银行于 2020 年接纳可持续发展挂钩债券为合格抵押品时，明确要求票息绑定的绩效目标中需有至少一项与《分类法》或联合国可持续发展目标挂钩。[①] 而中国银行间市场交易商协会在推行这一新兴债务融资工具时，允许统一注册模式 DFI/TDFI 项下，或中期票据（MTN）、非公开定向债务融资工具（PPN）等常规性单独注册品种的既有额度可变更为可持续发展挂钩债券。[②] 相关监管机构是否会参考欧盟的模式，将其与新版《绿色债券支持项目目录》等既有政策联动，值得我们拭目以待。

---

① 来源于欧洲中央银行文章。
② 来源于中国银行间市场交易商协会报告。

国有投资公司的 ESG 选择

❖ 国有投资公司共同承诺：面向"3060"践行负责任投资

2021 年 9 月 15 日，由国家开发投资集团有限公司和中国投资协会国有投资公司专业委员会（以下简称国投委）联合主办的"负责任投资——国有投资公司面向'3060'共同行动"大型论坛活动在北京举行。国家开发投资集团有限公司、北京能源集团有限责任公司、河北建设投资集团有限责任公司、黑龙江省新产业投资集团有限公司、山东鲁信投资控股集团有限公司、河南投资集团有限公司、湖南湘投控股集团有限公司、广州发展集团股份有限公司、四川省投资集团有限责任公司、云南省投资控股集团有限公司、陕西投资集团有限公司 11 家国有投资公司，代表国投委全体会员单位签署了"负责任投资承诺书"，在负责任投资方面做出了共同承诺。

《负责任投资——国有投资公司面向"3060"的共同承诺》

树立责任投资理念，增强责任投资意识，构建符合企业实际的投资理论、方法和实践体系。

统筹有序脚踏实地，做好碳达峰、碳中和工作，致力实现碳达峰、碳中和的行动规划及实施路线图。

推行低碳生产经营模式，推进传统产业绿色转型，高碳产业减污降碳、高耗能产业节能减排。

深入优化能源结构，通过资本投资引导，推动清洁低碳，安全高效的能源体系建设。

积极培育发展低碳技术，加大科研攻关和资本投入，促进新技术、新产品、新模式的应用推广。

主动开展碳核算及碳披露，加大碳人才资源开发，提升对环境、碳足迹等数据信息的管理能力。

大力支持碳交易市场体系建设，加强碳交易知识培训和能力建设，积极参与碳交易市场。

以资本为纽带，携手生态圈内企业，推动产业上下游联动，共同打造碳中和绿色供应链。

塑造企业低碳文化价值观，传播低碳生活理念，带动社会力量践行绿色低碳的生产生活方式。

共享企业碳中和有益实践，宣传推广优秀案例，行业协同共进，树立负责任的国有投资公司品牌形象。

国投委是中央及地方政府出资设立或授权从事国有资本经营的投资主体自愿参加的专业性社团组织。共有 91 家会员，遍布全国 29 个省、市、自治区。截至 2020 年年底，国投委会员单位总资产规模 106108 亿元，经营收入25304 亿元，实现利润总额 1885 亿元。国投委贯彻落实党中央重大战略决策部署，积极响应国家碳达峰、碳中和发展目标，推动会员单位 ESG 履责，是引领国有投资公司转变投资理念，促进行业协同共进，探索国有投资公司绿色低碳转型和高质量发展的责任担当，也标志着国有投资公司从整体上认可和接受负责任投资理念，并开始付诸实质行动。下一步，国有投资公司将积极推广负责任投资理念，增强负责任投资意识，参与构建符合企业实际的负责任投资理论、方法和实践体系，共同助力实现碳达峰、碳中和目标。

国家开发投资集团有限公司：央企引领负责任投资实践

国家开发投资集团有限公司（以下简称国投）成立于 1995 年，是中央直接管理的国有重要骨干企业，是中央企业中唯一的投资控股公司，是首批国有资本投资公司改革试点单位。2020 年集团资产总额 6823 亿元、利润总额 221 亿元，员工约 5 万人。经过多次改革和结构调整，国投已形成基础产业、战略性新兴产业、金融及服务业三大战略业务单元，拥有全资及控股子公司 19 家、三级以上全资和控股投资企业 152 家，其中控股上市公司 10 家。同时，连续 17 年在国务院国资委经营业绩考核中荣获 A 级。

国投高度重视企业社会责任工作，连续 13 年发布《社会责任报告》，连续 5 年获得五星及以上评级，在中国社会责任百人论坛主办的"第十三届《企业社会责任蓝皮书》发布会暨 ESG 中国论坛 2021 冬季峰会"上取得 81.9 的高分，责任管理指数达到五星级水平，并入选中国首批十家 ESG 示范企业。国投坚持投资于价值，扎实推进基础产业、战略性新兴产业、金融及服务业三大业务单元稳步发展；坚持投资于未来，在生物医疗、先进制造、新材料等领域，以投资促进重大科技成果转化，突破"卡脖子"技术难关；坚持投资于包容性，大力推动普惠金融、普惠养老，以多元金融服务经济发展需求，最大限度创造经济、社会、环境综合价值，形成了较为系统的 ESG 投资理念与体系。

ESG 投资是一种更为积极的投资策略

国投认为，ESG 投资作为一种投资行为，必然会体现在资本市场和实体产业两个方面。从当前实际情况看，ESG 投资在资本市场上的表现更为积极，尤其是境外资本市场上更为充分，而在实体产业领域相对滞后。

资本市场的 ESG 投资，就是一种长期价值投资。它在传统财务和估值分析的基础上，同时考虑 E、S、G 三个因素，重点利用非财务层面的信息披露作为判断企业长期价值投资的依据。主要方式是通过机构投资人，依据环境、社会、公司治理 3 个维度的评价评级指标，筛选出 ESG 指数评级较高、具有可持续发展的上市公司作为投资组合标的，排除那些依靠短期资源和能源消耗作为商业模式的公司，增强投资组合的收益率。近年来，我国资本市场 ESG 投资开始受到重视。通过完善 ESG 信息披露和绩效评估机制，增加 ESG 基金投资规模，不仅可以推动上市公司提高可持续经营和财务回报能力，规避长期风险，而且能引导整个社会的可持续性发展价值导向。所以，在当前"3060 双碳目标"推动下，相信 ESG 投资将会成为我国资本市场的热点主题。

资本市场的 ESG 投资提供了一种市场化的评价机制，但 ESG 涉及的关键领域和指标在实体产业投资中的具体落地才是 ESG 投资的真正意义所在。所以，国投将 ESG 投资作为一种长期价值投资行为。对于投资公司来说，ESG 投资是与其本质属性和特点相一致的。投资公司可以从资本市场和实体产业投资两个层面，融合性地将 ESG 三大核心要素在实体产业投资行为中加以具体贯彻和落地。这也是一种绿色投资理念，是一种企业长期价值投资的遵循。

投资公司的 ESG 投资，不仅体现在 ESG 基金、绿色债券、绿色贷款等具体项目，更体现在战略导向、投资方向、投资组合、投资决策、经营管控、评价体系、考核奖惩等全过程中的 ESG 关键指标的指引。ESG 投资作为碳中和的重要推动力量，将不仅体现在资本市场的间接评价中，更会在投资公司的实体产业投资中广泛实践。

绿色低碳是重点投资方向

国投遵循 ESG 开展投资业务，对环境"E"维度的相关领域给予了更多关注、更高权重和更大资金投入。利用资本市场、基金投资、直接投资、并购投资等多种投资方式，筛选符合 ESG 标准的行业、公司和投资标的，不断推动绿色低碳产业布局，加快推进产业结构优化，为公司可持续发展提供了动力源泉和保障。

● **清洁能源**

近年来，国投大力投资水电、风电、光伏等清洁能源领域，着力发展生物乙醇清洁燃料，积极投资布局用户侧储能项目，积极推进抽水蓄能、氢能等重大项目，推动能源转型发展。"十三五"期间，公司新增清洁能源装机226.75 万千瓦，清洁能源装机占比达 62.3%，居中央企业发电行业前列；生物乙醇在运产能 160 万吨 / 年，位居国内第一。同时，积极打造规划总装机达到 6000 万千瓦的雅砻江水风光互补清洁能源示范基地建设，充分利用雅砻江水电站群的调节性能，平抑风电、光伏发电的不稳定性，实现 3 种清洁能源的优化利用、打捆外送。

2020 年，公司二氧化硫（SO_2）、氮氧化物（NOx）、化学需氧量（COD）、氨氮（NH_3-N）排放总量较 2015 年分别下降 72.81%、42.88%、24.79%、67.94%；火电二氧化硫（SO_2）和氮氧化物（NOx）排放绩效分别为 0.05 克/千瓦时和 0.12 克/千瓦时，居行业先进水平。

● **环保产业**

国投始终将布局环保产业作为环境治理和生态保护的重要措施，实现可持续发展的最优选择，聚焦水处理、固废处理业务及相关技术装备等细分行业项目投资或并购，培育产业优势，拓展新的增长点。近年来，国投先后并购中国水环境集团，控股收购新源中国和新加坡亚德集团。2020 年，国投进一步整合环保产业资源，将中成集团打造为环保产业投建营平台，积极开拓水处理、固体废物处理、生活垃圾处理等环保业务领域。

● **生物多样性**

国投坚持开发与保护并重、效益与社会责任并重，积极实施生态环境恢复措施，保护生物多样性与生物栖息地，努力减少企业经营活动对生态环境的影响，维护生态和谐。特别是在雅砻江流域水电开发过程中，采取移栽保护植物、生态流量泄放、增殖放流等多种措施保护生态环境，锦屏官地鱼类增殖放流站是当前国内放流规模最大、工艺水平与工业化程度国内领先的鱼类增殖站，截至 2020 年年底，累计放流原河道鱼类鱼苗 1042 万余尾，有效保护了雅砻江流域的物种资源和生物多样性。

● **绿色金融**

国投积极推进金融服务绿色产业和经济社会可持续发展，在绿色债券、绿色信贷、基金投资等方面进行了一些探索。国投以北疆电厂为试点，开展电力企业绿色认证课题研究，探索绿色融资渠道，成功发行全国首单火电行业循环经济绿色债券。2019 年 5 月，国投获得了 Sustainalytics 和 HKQAA 等绿色债券评估机构的认证，成功发行 5 年期 5 亿美元绿色金融债券。国投发挥国有资本的投资引导作用，利用亚洲银行主权贷款建立绿色融资平台，促进京津冀区域大气污染治理。中国投资担保有限公司（以下简称中投保）是亚洲开发银行贷款"京津冀区域大气污染防治中投保投融资促进项目"的执行机构，该项目通过金融机构转贷形式，建立可持续发展的绿色金融平台，利用增信和投融资等手段，对京津冀及河南、山东、山西等重点区域的节能减排、清洁能源、绿色交通、废弃物能源化利用等项目提供资金支持。

此外，国投通过先进制造产业投资基金、新兴产业创投引导基金、科技成果转化基金等国家级基金，积极发挥国有资本的投资引导作用，扶持清洁能源和环保产业发展，投资了一批节能环保企业。

以包容性发展为导向的社会投资

国投在社会"S"维度的投资，更多聚焦在服务社会、服务民众，体现普惠性和包容性特点，放大资本杠杆，发挥投资导向性作用。通过普惠金融、普惠养老等重点领域投资，努力让社会各群体都享有同质的发展权利和平等的分享权利。

● **普惠金融**

2020 年，在新冠肺炎疫情冲击加重中小微企业经营困难的大环境下，国投坚决贯彻中央关于"金融服务实体经济"的要求，在金融服务业领域聚焦解决中小微、"三农"等融资难、融资贵难题，让更多金融活水流向中小微群体，为其纾困解忧。国投所属企业中投保，为减轻中小微企业负担，推进以电子保函替代现金保证金，全流程电子化交易，极大提升了投标效率，有效降低了线下纸质保函的交易成本，为中小微企业提供有力帮扶。截至 2021 年 11 月，中投保"信易佳"电子保函平台累计服务中小微企业突破10000 家，总担保规模超过 90 亿元。

● **养老产业**

国投高度重视健康养老产业，从 2010 年左右就开始了布局。2016 年正式成立了国投健康产业投资有限公司（以下简称国投健康），作为服务"健康中国"和积极应对人口老龄化国家战略的平台。经过 5 年左右的运营发展，国投健康聚焦失能、半失能、失智刚需群体，初步探索了一套健康养老产业发展模式。同时在北京、广东、上海、江苏、贵州等地运营养老项目，帮助众多家庭解决后顾之忧，提高社会稳定性。截至 2021 年 11 月，已开放运营床位 1622 张，在住长者超过 900 人，建设和运营床位数共计 4500 张，入住长者中失能、失智老人占比超过 80%，80 岁以上高龄老人占比 82%。

以健全的公司治理为支撑

国投高度重视股权结构、董事会独立性、风险管理、信息披露、薪酬体系等要素对企业可持续发展产生的影响，并在股权董事、职业经理人制度、风险管理体系建设、利益相关方沟通等方面进行了改革、探索和创新。

● **可持续发展管理机制**

国投将绿色发展作为重要的发展战略，建立了行之有效的可持续发展管理机制，成立了以董事长任组长的资源节约与生态环境保护工作领导小组，成立了以总经理任主任的安全生产管理委员会和风险管理委员会等作为决策层的领导机构，总部相关部门、子公司主要负责人共同参与，对公司相关战略、目标、规划和相关重大事项进行审议，各领导机构分别明确了办公室，作为组织层牵头组织、协调横向各部门、纵向各相关子公司的业务工作，推动可持续发展战略实施及目标达成；作为实施层的各部门依据职责分工实施相关关键议题的归口管理，完成从策略、执行到评估的闭环管理。各相关子公司组织落实有关工作，初步形成了层次清晰、分工明确的可持续发展治理结构。

● **风险管理体系建设**

国投始终坚持底线思维，通过健全风险管理体系，建立风险管理制度，优化风险管理组织架构，完善集团风险指标体系，前移风险管理关口，大力推行合规文化，建设覆盖全面、层次分明的经营和风险管理信息平台，完善风险闭环管理，确保风险识别、风险评估、风险计量、风险监测、风险报告等各个环节紧密衔接，有效防范和应对各类风险，坚决守住风险底线。

● **职业经理人制度**

国企改革 3 年行动开展以来，国投积极推行职业经理人制度。国投高新、电子工程院等 5 家企业，原经营班子"全体起立"，面向社会公开竞聘职业经理人，破除了"论资排辈"，选优秀的人干重要的事，市场化改革的决心和力度前所未有；率先探索对 8 家国有相对控股混合所有制企业实施有别于国有及国有控股企业的差异化管理，构建了差异化管理制度体系，实现了差异化管理从"无"到"有"的突破；按照积极股权董事要求，加强股权董事队伍建设，推动股权董事在公司治理中发挥积极作用，当好"决策建议的提出者""大股东意图的传播者"和"企业发展的促进者"。

● 发布社会责任报告

从 2009 年开始，国投已连续 13 年向社会公开发布《企业社会责任报告》，发布内容不断提升，发布形式不断创新，信息沟通越来越充分。2018年首创"五心行动"责任品牌，2019 年首推科技创新报告，2020 年发布《扶贫白皮书 1995—2020》，2021 年围绕"负责任投资"议题，将 ESG 与公司业务和投资组合全面融合，强化"负责任投资"的理念与行动，围绕核心要素真实全面地向利益相关方进行信息披露。

ESG 融入投资管理全流程

当前，越来越多的企业已经将 ESG 因素融入投资全流程，在推动企业高质量发展过程中发挥着重要作用。国投亦是如此，其通过"自上而下"的投资策略将 ESG 因子纳入公司投资决策体系，并在公司自身管理运营和对被投资企业的管理中将 ESG 贯穿至发展的各个方面和阶段，推动公司高质量、可持续发展。

一是融入公司战略。国投把绿色发展战略作为"六大战略"（一流、创新、协同、绿色、国际化、人才）之一，大力发展清洁能源和环保产业，建立绿色生产方式。例如，在国投电力"十四五"发展规划中，给予其鲜明的战略定位即是"国投集团践行绿色发展理念的平台"，在发展方向上也明确要求大力推进风光等清洁能源开发（"十四五"末国投电力清洁能源装机占比提高到 72%），助力国家实现"3060"目标任务。编制了《"十四五"资源节约与生态环境保护规划》，提出积极推进绿色制造体系建设，在 2025 年年底前实现不少于 5 家企业获评"国家级绿色制造企业"。

二是融入投资决策。国投在项目选择和投资并购的过程中，积极将 ESG 纳入其中，尽可能提高项目决策的客观性、增长潜力和抗风险能力。例如，近年来，在业务选择和投资方向上不断向高端化、数字化、绿色化方向倾斜（转让煤炭产能 3418 万吨/年、火电装机 840 万千瓦），一方面是顺应国家诸如碳达峰、碳中和及环保要求，另一方面也是基于国投发展战略性新兴产业，培育专精特新企业，增强我国产业链、供应链稳定性和竞争力的现实需要。近年来，国投在项目选择与评估过程中也十分注重 ESG 相关指标，在募投管退和投前尽调、投后评价中均有所要求，特别是注重所投资企业是否能够按照现代企业制度的基本要求建立规范有效的法人治理结构，是否符合风险和环保要求，是否能够长期可持续发展等。从近年来的投资案例来看，公司基本上能够实现良好的投资回报。

三是融入经营管理各环节。国投着眼充分发挥自身与利益相关方优势，积极履行股东责任、客户责任、员工责任、伙伴责任、环境责任，建立完善了一系列可持续发展政策体系、内控制度及管理机制和流程，逐步将 ESG 融入公司运营管理各环节，有效控制环境、安全和社会责任风险。同时建立了全面风险管理体系，首次引入了风险并表管理的理念，实现了对集团承担实质性风险业务的全覆盖；引入了"科技""协同"管理要素，把科技支撑、协同赋能融入风险辨识、评估、计量、预警、处置、报告等各个环节。我们建立了逐年滚动提升的 ESG 考核指标，在安全生产方面对组织机构搭建、安全生产责任制落实、管理制度建设、重大危险源管理等关键性指标进行考核评价，在节能环保方面对万元产值综合能耗、供电煤耗、二氧化硫（SO_2）排放总量、污染物达标排放、固体废物和危险废物依法合规处置率，以及环境责任事件等方面进行考核，在风险管理方面形成"辨识评估—预警报告—监督检查—考核评价"的管理闭环，有效推动风险管理与职能管理、业务管理高度融合。

海外投资的 ESG 考量

在经济全球化的背景和中国一系列对外开放政策的推动下，越来越多中国企业"走出去"寻求商业机会，积极参与国际投资与合作。2020 年，中国对外直接投资净额达到 1537.1 亿美元，同比增长 12.3%，首次位居全球第一。

然而，当前全球正处于百年未有之大变局，新冠肺炎疫情在全球范围内蔓延，联合国《生物多样性公约》缔约方大会第十五次会议（COP15）、《联合国气候变化框架公约》缔约方大会第二十六次会议（COP26）相继召开，使得全球各国政府、各类市场主体越来越多地将目光聚焦到公共安全、生态保护、气候变化等问题上，环境、社会和公司治理（ESG）在国际上呈现主流化的趋势，逐渐成为国际投资的"通用语言"。

❖ ESG 成为"走出去"必须认真对待的问题

随着中国企业"走出去"步伐的加速，海外投资面临的风险愈加多元化、复杂化。除了政治、经济、外交等传统型风险外，也需要加强对气候变化、劳工问题等 ESG 风险的关注。普华永道境外投资风险管理现状的调研显示，除政治、外汇等常规风险受到高度关注外，62% 受访者关注新冠肺炎疫情导致产业链、供应链阻塞甚至中断造成的运营风险，52% 受访者关注境外投资合规风险，51% 受访者关注人员风险，疫情对员工身心健康造成不利影响，加上人才缺失、文化差异等导致人员风险加剧 [1]。

从长远来看，海外投资企业将从技术、产品的竞争转变为商业道德、绿

---

[1] 来源于普华永道官网文章。

色低碳等"软实力"的竞争。通过践行 ESG 理念，有助于改善"走出去"企业与当地政府、员工、消费者和社区之间的关系，促进企业在当地的长远可持续发展。

无论从降低海外投资风险，还是从提升竞争力的角度来说，ESG 已经成为中国企业"走出去"必须认真面对的问题。

然而，仍有部分企业在海外投资时，重视短期效益和经济风险，忽略长期效益和环境、社会风险，出现环保意识缺失、安全生产意识淡薄等问题，或是只重视与当地政府搞好关系，不注重与东道国公众、非政府组织（NGO）的关系管理与透明沟通。

⁂ 强化海外投资 ESG 风险管控刻不容缓

海外投资因地区、行业、文化习俗等因素的差异，企业面临的 ESG 风险具备较高的不确定性和复杂性。"走出去"企业可以与第三方专业机构合作，运用利益相关方调研、专家建议、情景分析等方法，对 ESG 相关风险进行识别，并对风险严重程度进行评估，科学决定 ESG 风险管理的重点。同时，与当地政府、NGO 等利益相关方展开合作，积极创新手段应对和降低风险，或将风险转化为发展机遇，同时建立危机管理计划，为难以预计的ESG 风险做好应对准备。

合规是底线要求，积极应对 ESG 合规风险

海外投资合规既应该包括中国和投资所在国法律法规，以及国际条约、监管规定、企业内部制度规范等"硬规则"，还应该包括商业惯例、行业准则、道德规范等"软规则"。近年来，中国政府部门陆续出台《企业境外经营合规管理指引》[①] 等文件（见图 5-9），对企业境外合规管理提出更高、更清晰的要求，而且已经延伸至环境保护、质量安全、劳工权益保护、反腐败等

---

① 来源于国务院的报告。

ESG 合规要求，引导"走出去"企业规避 ESG 合规风险。

合规管理架构	合规管理制度	合规管理运营机制
合规风险识别、评估与处置	合规评审与改进	合规文化建设

合规管理要求

对外贸易	境外投资	对外承包工程	境外日常经营
·贸易管制	·市场准入	·投标管理	·环境保护
·质量安全	·贸易管制	·合同管理	·劳工权利保护
·指数标准	·国家安全审查	·项目履约	·数据隐私保护
·知识产权保护	·行业监管	·劳工权利保护	·财务税收
·反倾销	·反垄断	·反腐败	·反腐败
·反补贴	·反洗钱	·反贿赂	·反贿赂
……	……	……	……

图 5-9 《企业境外经营合规管理指引》合规管理体系及合规管理要求

融入"当地元素"，降低海外投资社会性风险

由于风俗文化、宗教信仰等的差异，中国海外投资企业在进入东道国市场通常会遇到一些阻碍。在中国铁建承建的沙特麦加地铁项目中，当地民众对进入施工现场作业的工人有宗教要求，当地还不允许工人因赶工而加班，使得项目最终未能及时完工而遭受巨额亏损。

海外投资企业在项目启动之前，就应该注意"入乡随俗"。站在当地利益相关方的视角审视项目可能存在的社会风险和问题，理解并接纳不同文化习俗的差异，融入"当地元素"，加强合作伙伴属地化，人员属地化，设计、材料和设备属地化等管理。例如，在雇用当地员工时，不仅要考虑当地员工对工作强度、工作方法和福利待遇等不同理解与需求，还要考虑在员工属地化的过程中，引导员工向管理融合、技术转移等方向发展，降低用工风险的同时，为企业在当地可持续发展奠定人才基础、文化融合基础。

气候变化等风险已成为海外投资环境风险的关键

在全球变暖趋势加剧、自然灾害频发的背景下，忽视环境风险的海外投

资将举步维艰。世界经济论坛《2021 年全球风险报告》表明，在未来 10 年中，最可能发生的风险包括极端天气、气候行动失败和人为导致的环境破坏等风险[①]。

以气候变化风险为例，当前减少碳排放已经成为全球大趋势，国际上已有 120 多个国家和欧盟以立法、法律提案、政策文件等形式提出或承诺提出碳中和目标。"走出去"企业需要关注东道国是否会为实现碳中和目标改变能源投资政策，对前期高耗能项目造成的风险可以通过发行"绿色过渡债券"等方式，以弥补高耗能项目转型改造带来的损失。此外，企业也应该调整对外投资能源结构，加大可再生能源发电、智能电网、电源储存、氢能利用、碳捕获和封存、海洋负排放技术等清洁能源领域投资力度，降低海外投资气候变化风险的同时，与东道国共同推进低碳转型发展。

海外投资管理需要涵盖 ESG 要素

"走出去"企业不仅要针对不同的 ESG 风险采取不同的应对措施，也要让 ESG 成为海外投资管理机制的重要组成部分，推动海外 ESG 管理常态化、系统化开展。

ESG 战略应该因地制宜，兼顾各方利益

"走出去"企业开展海外投资时，需要对东道国的文化习俗、生态环境、劳工标准等进行尽职调查、影响评估，结合自身实际及东道国的经济社会发展情况，因地制宜制定 ESG 战略。同时，既要关注东道国政府的利益需求，也要重视当地社区、员工、供应商、居民、媒体等利益相关方的需求，鼓励利益相关方参与企业经营管理过程，实施兼顾各方利益的 ESG 战略，助力企业实现从"走出去"到"走进去"的转变。

---

① 来源于世界经济论坛官网。

ESG 制度工具为海外 ESG 实践提供有力指导

"走出去"企业可以通过编制海外投资 ESG 工作标准、指南、手册等文件，指导企业及海外分支机构有效管理自身决策和活动对东道国社会、环境和利益相关方的影响，改善海外投资活动的 ESG 表现。国家电网有限公司发布了中央企业首个海外社会责任指南——《国家电网有限公司海外社会责任指南》，从规范、理性视角提出公司海外 ESG 实践的基本要求、管理思路和行为范式，以指导系统内海外运营机构更好践行海外社会责任。中国对外承包工程商会发布《中国对外承包工程行业社会责任指引》，为中国对外承包工程企业树立社会责任建设的标尺，指导企业以更加负责任的方式开展对外承包工程业务。

建立深耕当地市场的 ESG 组织架构

中央企业作为中国企业"走出去"的领头羊，已经认识到设立海外 ESG 组织架构的重要性。《中央企业海外社会责任蓝皮书（2020）》显示，70% 的中央企业明确了海外社会责任的主管部门，29% 的中央企业还设立了海外社会责任领导机构。中国企业"走出去"，可以成立由集团领导、集团各部门负责人、海外分支机构负责人共同组成的 ESG 工作委员会，并在海外分支机构层面，进一步明确 ESG 事项的负责部门、负责人和联络人，还可以根据面临的重大 ESG 风险，在东道国分设节能减排委员会、社区关系管理委员会等专门机构，为海外投资 ESG 管理夯实组织保障。同时，应该加强海外投资 ESG 能力建设，通过组织 ESG 培训交流等活动，提升海外履责能力。上海市商务委员会面向上海市"走出去"企业，组织"海外经营企业社会责任管理班"培训，帮助"走出去"企业提升社会责任管理的意识与能力。

⟐ 言行合一，做好更要表达好

中国企业在海外投资时践行 ESG 理念，"做得好"是"说得好"的重要基础，"说得好"是"做得更好"的助推器。

与利益相关方的沟通应该尽早启动，并覆盖整个生命周期

由于东道国经济、文化、宗教信仰等差异，使得良好的利益相关方沟通至关重要。与当地政府、NGO、居民等建立良好的联系需要时间的积累，企业应当尽可能在早期，如在可行性研究阶段就与当地社区进行沟通互动，及早识别、评估、化解可能产生社区冲突的风险。在投资运营全生命周期各个阶段，都应该重视围绕当地社区的核心诉求，进行针对性回应和反馈，增进与当地公众的理解和互信①。企业可以聘用具有海外社区沟通背景的专业人士。中国海洋石油集团有限公司在乌干达油气项目之初，就安排专职的社区关系管理经理、社区联络官，并邀请社区代表成立监督顾问委员会，畅通与当地公众之间的信息传递和沟通渠道，促使该项目没有因社区关系而受到重大负面影响。

加强海外 ESG 信息披露是透明沟通、舆论引导的重要途径

中国企业"走出去"应该主动利用媒体优势，通过政府网站、东道国语言网站、社交媒体平台，采用软文、图片、视频等人性化的方式，生动讲述海外投资 ESG 故事，回应利益相关方的关切问题。长江电力在秘鲁长期开展舆情监测，及时掌握秘鲁网络媒体对长江电力及在秘企业工作动态等报道及评论，及时处理、跟踪不利信息，加强正面信息引导和披露，以高效化解舆论危机，护航长江电力海外稳健运营。

发布海外社会责任报告是加强国际交流、形象传播的重要载体

金蜜蜂一项研究表明，在 2008—2020 年期间，中国企业发布的海外社会责任报告数量呈现增长状态，2020 年发布的海外社会责任报告达到 14 份，报告围绕劳工实践、消费者问题、环境等 ESG 事宜与利益相关方进行

---

① 来源于商道纵横的《中国对外承包工程行业》手册。

沟通。中国交通建设股份有限公司从 2016 年起已连续 5 年发布肯尼亚蒙内铁路项目社会责任报告，覆盖蒙内铁路项目从建设到运营各个阶段，通过连续的信息披露和广泛、深入的宣传，充分彰显该项目为当地创造的经济、社会、环境综合价值，助力中国交通建设股份有限公司打造负责任的国际品牌形象。

当前，中国企业在践行 ESG 方面仍然面临着诸多困难与挑战。"走出去"企业有必要重视 ESG 问题，主动识别、管理重大 ESG 风险，加强海外运营 ESG 管理与透明沟通，为加快国际化步伐奠定坚实的基础，促进东道国经济、环境、社会协调发展，助力构建人类命运共同体。

第六章
CHAPTER 6

ESG 视角下的气候变化

TCFD——气候风险的显影剂

世界经济论坛（WEF）在 2021 年年初发布的《全球风险报告 2021》显示，未来 10 年内全球前十大风险中 ESG 相关风险超半数，其中，极端天气和应对气候变化行动失败等气候相关风险已成为发生可能性最高的风险。作为 ESG 风险的一部分，气候风险因其具有高度不确定性、非线性、广泛性和持续性等特性，引起了投资机构与企业管理者的高度关注。

2020 年 9 月，PRI 官网上发布了一封来自投资团体的公开信①，提出企业可能因缺乏考虑气候变化对利润和资产的影响而造成财务报表失真，呼吁企业在财务报表中披露气候风险相关信息。

气候风险看不见又摸不着，该如何披露？ 2015 年 12 月，金融稳定委员会（FSB）牵头成立了气候相关财务信息披露工作组（TCFD），并于 2017 年发布了《与气候有关的财务披露问题工作组的建议》，详细制定了与气候相关的披露框架与建议（见图 6-1）。该建议是 ESG 信息披露的重要参考框架之一，可有效支持企业系统识别自身所面临的潜在气候风险，从而制定出合理有效的管理办法与应对行动。

图 6-1　TCFD 建议披露框架

① 来源于 PRI 官网。

⁕ 融入国际气候话语体系的关键路径

2021 年 11 月，国际财务报告准则基金会（IFRS Foundation）发布的气候相关披露准则样稿中明确规定，要求以 TCFD 框架为基础，通过加强相关信息披露推进全球金融可持续发展。截至 2022 年 1 月，全球范围内支持 TCFD 框架的机构数量已达 2900 家，遍布全球 89 个司法管辖区，与上一年度相比，数量增长超 1000 家。TCFD 的支持机构遍布各个行业，其中超半数为金融机构，其次为建筑行业和能源行业，分别占比 38% 和 36%。

TCFD 已是全球新兴的气候商业语言

PRI 于 2019 年 2 月发布的气候风险战略和治理指标与 TCFD 框架一致，并将其作为 2020 年 PRI 签署方的强制要求。不仅如此，国际主流的评级机构也明确表示对 TCFD 披露框架的认可。例如，道琼斯可持续发展指数（DJSI）于 2018 年在"气候策略"题组部分参照 TCFD 指引，增设了"情景分析"作为该板块子题目；MSCI 在 2020 年发布的《基于 TCFD 建议的汇报》（*TCFD-based Reporting*）中指导机构投资者按照 TCFD 框架要求进行气候变化信息披露；温室气体排放信息披露，即碳披露（CDP）也在其发布的问卷中纳入了 TCFD 相关内容。

此外，TCFD 相关建议被纳入强制性准则的趋势也愈加明显。世界上已有部分国家将其纳入了自身的法规体系中，使得 TCFD 建议在国家层面拥有了更高的权威性。巴西、日本、新加坡、瑞士、新西兰和英国等国家均发布了与 TCFD 相关的建议报告，要求将其作为法规强制执行披露。例如，伦敦证券交易所于 2018 年刊发的指引中提及并认可了 TCFD 的建议。这表明越来越多的国家和地区将应对气候变化提高到了国家战略的高度，亦认同 TCFD 建议对于抵御气候相关风险的积极意义，并支持将该框架作为其自身气候治理体系的一部分。

TCFD 将成为中国 ESG 信息披露的新宠

2020 年 7 月 1 日，港交所在已正式施行的《环境、社会及管治报告指引》中加入了与 TCFD 相关的内容，要求在港上市公司披露有关识别及应对气候变化的相关信息；在 2021 年 11 月参照 TCFD 指引，制定并发布了《气候信息披露指引》，旨在为促进上市公司遵守 TCFD 的建议提供实用指引。

根据 TCFD 官网最新数据，中国的支持机构已有 38 家 [①]（截至 2022 年 1 月 7 日）。其中，中国银行、交通银行、建设银行等均公开表示将基于 TCFD 框架不断提高其环境和气候相关信息的披露质量，尽快与国际接轨。此外，以三七互娱、南方航空、华峰公司等为代表的各行业企业也在积极参照 TCFD 指引开展气候风险管理与信息披露，彰显其应对气候变化的决心。

⊪ 展现企业气候雄心的重要窗口

MSCI 对各国气候目标的对比研究表明，全球大部分国家均在稳步推进气候目标落实，相比之下，欧洲和北美国家的进展更为迅速。在全球范围内皆开始关注气候目标及相关行动的背景下，科学管理气候信息并采取系统行动将成为企业抓住新一轮气候革命商业机遇的关键。毋庸置疑，TCFD 将会为企业宣示气候雄心提供更为便捷的途径与更加广阔的平台。

《TCFD 2021 年进展报告》指出，TCFD 企业支持者的市场规模超过 25 万亿美元；金融机构支持者的市场规模高达 194 万亿美元，囊括了中央银行、资本市场企业及证券交易所等各类金融机构。因此，行业头部企业皆倾向于使用 TCFD 框架开展气候信息披露工作，设立自身 5 年、10 年甚至 30 年内的气候雄心目标，以增强投资者的信心。例如，雀巢披露 "2050" 碳中和路线路、中国交通银行披露 "3060" 绿色投资策略、英特尔披露 2030RISE 战略等。通过制定有雄心的气候目标树立负责任的企业形象，不

---

① 来源于 TCFD 官网。

仅能彰显自身管控气候风险的意识与能力，还能获取投资者及其他利益相关方的青睐与信任，帮助企业获得更多支持从而继续发展壮大。

在全球范围内的持续应用和改进中，各类组织已延展出相当丰富的TCFD信息披露方式。例如，穆迪（Moody's）、陶氏（Dow）发布了TCFD独立报告，太古集团（Swire Group）、新奥能源在其最新发布的ESG报告中使用了TCFD框架，巴斯夫（BASF）、日本株式会社腾龙（Tamron）在其官网上增设了TCFD专题板块等。这为投资者和其他利益相关方提供了更加多样化的气候信息获取平台，便于其更好地了解企业应对气候风险的举措与行动，以备挖掘更多可能的商业项目与合作机会。

⫶ 识别、管理与披露气候风险的行动指南

全球气候变幻莫测，对企业财务管理产生的冲击也难以量化，在TCFD建议发布之前，ESG更多关注的是企业经营对全球气候造成的不良影响。但对于金融机构而言，因气候相关数据与披露信息的缺乏、方法和数据质量不高等问题，仅依靠ESG常规披露根本难以规避气候风险对投资回报的不利因素；对于非金融机构而言，全球气候变化将为组织战略、运营、声誉、财务、价值链运营等层面带来一系列难以预估的风险，相应地也加大了识别、应对、管理与披露的难度。另外，气候信息的碎片化、相关披露标准的缺乏及企业间气候绩效可比性较差等一系列问题，均对市场参与者制定基于气候风险的相关决策产生较大阻碍。

TCFD为企业提供了科学识别气候风险及系统披露的有效工具。通过建立"风险可能性—影响"矩阵，按照优先次序区别对待各类风险以提高效率，通过综合分析气候风险发生的可能性，及其对企业经营影响的严重程度，来得出风险评估结果。此外，TCFD还提出了情景分析工具（见表6-1），即截至2100年，全球气温上升2°内、上升3°、上升5°等情景下可能会出现的风险，如海平面上升、极端降雨、全球经济下行、食品供应不足等，并鼓励企业通过模拟不同情景来判断自身面临的气候风险和机遇，并

以此作为制定经营决策的参考依据。

表 6-1　不同情境下气候风险的类型和程度

截至 2100 年 全球温度上升	1.5° 情景	2° 情景	3° 情景	5° 情景
物理影响				
海平面上升	0.3～0.6m	0.4～0.8m	0.4～0.9m	0.5～1.7m
北极夏季冰面融化	1/30	1/6	2/3（63%）	1（100%）
极端降雨频率	+17%	+36%	+70%	+150%
野火蔓延范围增加	× 1.4	× 1.6	× 2.0	× 2.6
人们面临极端的热浪	× 22	× 27	× 80	× 300
易患疟疾的土地	+12%	+18%	+29%	+46%
经济影响				
全球 GDP 影响 （基于 2018 年）	–10%	–13%	–23%	–45%
搁浅资产	化石燃料资产（供应链、电力、运输、工业）		一些化石燃料和实物资产搁浅	不适宜居住的地区、农业、用水密集型工业、无旅游业
食品供应	改变饮食习惯，热带地区产量下降		损失 24% 的收益率	60% 的产量损失，60% 的需求增加

⊞ 企业如何参照 TCFD 加强气候风险管理

搭建气候风险治理架构

TCFD 建议企业将气候相关风险管理纳入治理结构、系统和流程，首先要注重发挥董事会的监督作用，即从董事会层面建立起气候相关风险管理的流程和机制。其次是设立针对气候风险管理的专项部门（如风险管理委员会、可持续发展委员会）或职能岗位，由该部门 / 岗位负责对气候相关风险的全面管理，在披露时按照对气候风险相关议题的梳理、评估、监控等关键步骤与管理流程进行相关描述即可。例如，陶氏（Dow）在其 2020 年 ESG 报告中披露了气候风险治理架构（见图 6-2），在董事会层面建立环境、健康、安全与技术委员会，委员会直管行政领导团队，管理内容包括对外信息披露、情景分析、资本项目等，最后由项目管理团队推进，从上至下建立气候管理组织体系。

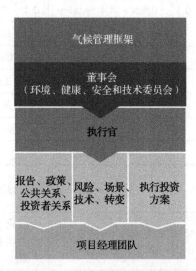

图 6-2　陶氏 2020 年 ESG 报告气候相关风险治理架构相关内容

制定具有实践性和操作性的气候战略

制定可行的气候战略并确保其高效落地是投资者评估企业或组织领导力的重要依据，这要求企业在自身经营战略和财务规划中充分考量与气候相关的风险与机遇信息。世界三大镜头品牌之一——腾龙充分参考 TCFD 建议，结合运营实践将自身战略分为"2030"短期目标与"2050"中长期目标（见图 6-3），围绕"脱碳社会""资源再利用社会""与自然和谐相处"3 个愿景，分别制定了不同愿景下 2030 年、2050 年不同阶段需要重点关注的重点计划，包括碳中和及降碳计划、降塑计划、化学品管理目标等，行动清晰，具有较强的可操作性。

图 6-3　腾龙气候愿景与行动

　　为保证战略落地，企业还应重视气候相关指标和目标信息的跟进，如用水量、能源、土地利用、废弃物管理及温室气体排放等。如果气候问题对企业足够重要，可考虑将相关绩效指标纳入薪酬政策，还应根据预期的监管要求或市场限制等其他目标，说明自身与气候相关的关键目标及财务目标。意大利国家电力公司（Enel）在其 2020 年 ESG 报告中披露了过去 3 年温室气体排放目标实现程度（见表 6-2），同时提出未来 3 年目标，是企业关于气候变化相关指标与目标信息披露的有益实践。

表 6-2　意大利国家电力公司 2020 年 ESG 报告气候相关指标与目标相关内容

目标				
行动	2020—2022 年目标	2020 年成果	状况	2021—2023 年目标
减少 SO_2 排放	2030 年相比 2017 年降低 85%	相比 2017 年降低 88%（0.10g/kWh）	已实现	2030 年相比 2017 年降低 94%
减少 NO_2 排放	2030 年相比 2017 年降低 50%	相比 2017 年降低 54%（0.36g/kWh）	已实现	2030 年相比 2017 年降低 70%
减少粉尘量	2030 年相比 2017 年降低 95%	相比 2017 年降低 96%（0.01g/kWh）	已实现	2030 年相比 2017 年降低 98%
降低抽水量	2030 年相比 2017 年降低 50%	相比 2017 年降低 55%（0.20L/kWh）	已实现	2030 年相比 2017 年降低 65%
减少污染物	2030 年相比 2017 年降低 40%	相比 2017 年降低 87%（1.2Mt）	已实现	2030 年相比 2017 年降低 87%

更新和调整气候风险清单

TCFD 建议企业根据外部环境及自身发展需要对风险清单进行及时的更新与调整，以便更好地应对由于气候的变化莫测而带来的种种不利因素，提升企业风险管理与稳健运营的能力。[①] 例如，吉利集团在其 2019 年社会责任报告中，初次使用 TCFD 框架披露气候风险管理相关信息（见表6-3），对自身气候风险进行初步识别。而在其旗下上市公司吉利汽车 2020年发布的 ESG 报告中继续借助 TCFD 框架（见图 6-4），在气候风险与识别这一环节中较为完整地更新了气候风险清单，识别了包括政策风险、科技风险、市场风险等在内的气候相关风险，并对其重要度及处理的复杂程度进行评估。

表 6-3　2019 年社会责任报告气候风险识别内容

TCFD 建议	我们的回应
a. 描述组织机构识别和评估气候相关风险的流程	● 定期就可持续发展议题，包括气候变化相关内容与主要利益相关方进行沟通 ● 安全环保部实时跟踪评估新的环保法律法规对吉利环境管理工作的潜在影响，制定相应的措施并上报董事局办公室审批
b. 描述组织机构管理气候相关风险的流程	● 制造工程师（ME）中心制造规划部负责能源管理架构的编制，能源的在线管理及太阳能光伏发电和新能源蓄电池储能项目的规划 ● 物流中心负责产品包装材料的回收利用及考核 ● 企业社会责任部动态监控第三方调研机构识别出的气候变化风险
c. 描述识别、评估和管理气候相关风险的流程如何与组织机构的整体风险管理相融合	积极开展环境管理体系和能源管理体系的建设工作，针对节能减排等应对气候变化事项，每年至少进行一次内部审核

---

① 来源于 *Implementing the Recommendations of the Task Force on Climate-related Financial Disclosures Final Report*。

实体风险则来自极端天气事件及全球平均温度升高，包括急性风险（台风、洪水）、慢性风险（平均气温上升、海平面上升）等风险。我们识别出以下的主要气候变化风险与机遇：

政策及法规风险

- 本集团需遵守中国政府发布的《乘用车企业平均燃料消耗量与新能源汽车积分并行管理办法》（以下简称双积分政策）的相关规定，报告期内，双积分政策进行了修订，并明确2021—2023年新能源汽车积分比例要求。汽车企业必须达标，否则需要通过积分交易去弥补，因此造成了短期风险；

- 对中期及长期而言，为达到长远的碳中和目标，相关的法规将可能更为严格，积分价格可能会持续增长，相应不达目标处罚亦可能越加严厉；

- 随着政府对环境监管力度的加强，除了汽车尾气排放，在生产能耗及排放，以及污染物的处理方面，亦会面临更严峻的法规要求和不合规所带来处罚的风险。

科技风险

- 气候变化、减少碳足迹、能源需求、城市污染等因素造成全球对低排放及零排放汽车产品的需求。随着充电设施的普及化和不可再生能源的日渐耗尽，从中期及长期来看，传统燃油汽车的占比将会不断下降，随之将逐步被新能源汽车代替；

- 短期而言，汽车企业将要面临对新能源科技更大的研发投入。同时相关科研成果的成败和相关科技技术应用在量产产品的速度，将对汽车产品的竞争力构成极大影响，此风险将一直持续到长期阶段；

- 低碳生产的需求促使科技和工艺技术不断突破，但要应用相关的新科技及工艺，原有设备可能需要做出更换，在中期阶段将会造成资产减值的风险。

图 6-4　2020 年 ESG 报告气候风险识别与评估相关内容

加强价值链的气候风险管理

气候风险不仅对企业运营产生直接影响，更会通过价值链关键环节对企业运营造成间接损失。因此，企业应充分考虑价值链各环节（如供应链、下游客户等）在气候风险下，由于政策、法律、技术、市场等因素的变动，对企业运营可能造成的影响，并在发展战略中制定应对策略，以更好地提升企业应对风险的能力。例如，法国大型连锁运动品牌迪卡侬，秉持"全人发展、自然保护、永续价值"三大重要策略与愿景，协助供货商使用可再生能源、设定科学减碳目标（SBT）目标等（见图 6-5），以建构永续生态圈。

我们的目标是
到2030年成为积极应对
气候问题的企业

这个目标有望通过模拟与我们承诺到2026年完全使用由更多可再生资源产生的电力相关的行动得以实现。

在代表间接排放（供应、运输、报废等）的范围3中，我们的目标是要求迪卡侬的主要供应商在2024年之前设立他们自己的科学碳目标以减少二氧化碳排放。截至2019年12月31日，全球有827家公司与迪卡侬一样做出了SBT承诺，其中340家公司的目标已经生效。

■供应商的能源供应：迪卡侬通过二氧化碳监测网络协助其合作伙伴和战略供应商完成其能源转型。该网络的建立是为了协助迪卡侬产品的供应商监测其能耗并制定行动计划；这项工作是建立在为减少温室气体排放的行动计划的基础上，遵循了SBT验证的预测轨迹。供应商培训和教学计划的部署贯穿于2019年。

图 6-5　迪卡侬 2019 可持续发展报告供应商气候风险管理相关内容

企业气候风险管理的定量评估工具

气候变化可能对全球经济构成重大风险，对企业可持续发展产生重大影响，越来越多的投资者希望获取企业在应对气候变化所采取的措施与表现信息，青睐主动推动气候风险管理的企业，以降低长期投资的风险。气候与环境风险具有不同于传统金融风险的独特特征，如何以定量手段评估和反映企业在气候变化可能的发展情景下的潜在风险，切实防范"绿天鹅事件"，成为近年来投资者关注的焦点问题。

气候与环境风险压力测试可以通过模拟各种可能的极端场景，提供具有前瞻性的情景分析和评估结果，分析风险敞口、预测潜在风险与可能损失，是评估气候与环境风险的主要工具。它能够通过建模工具支持气候风险管理，把对气候科学的认知转换为对潜在有形损失和金融损失的评估。既能支持资本市场通过 ESG 管理推动商业界绿色发展，也能支持企业管理自身的金融风险敞口，还是制定落实"双碳"目标行动战略的重要工具之一。

⊛ 企业为什么要开展气候和环境风险管理

政府部门和监管机构越来越重视企业和商业组织的气候和环境风险管理与信息披露。

近年来，各国政府部门、监管机构及行业组织陆续发布了一系列有关气候与环境风险压力测试的指引或监管要求。2015 年《巴黎气候协定》的签署标志着全球应对气候变化治理迈出历史性一步。2017 年，气候相关财务信息披露工作组（TCFD）发布气候风险情景分析建议报告，鼓励利用情景分析法评估气候相关风险和机遇，以及对其业务带来的潜在影响。2020 年 5 月，央行与监管机构绿色金融网络（NGFS）发布《监管者指南：将气候相关的气候风险纳入审慎监管》，指出监管机构将要求金融机构开发必要的情景分析和压力测试工具以确定物理风险和转型风险的规模和等级。2020 年 6 月，国际清算银行提出"绿天鹅事件"的概念，首次系统性探讨了环境与气候问题可能带来的金融危机，呼吁世界各国央行在内的金融机构加强气候风险防范。

中国企业的碳资产金额较大，近年来企业对环境与气候风险的应对措施逐步从单纯被动的信息披露发展至主动的气候风险监测与管理

2016 年 8 月，中国人民银行、财政部等七部委联合印发了《关于构建绿色金融体系的指导意见》中明确提出要针对环境与气候风险开展压力测试。2020 年 9 月，NGFS 发布了《金融机构环境风险分析综述》和《环境风险分析方法案例集》，以期对完善评估环境引发的影响及衡量尺度的方法学体系提供启发①。2021 年年初中国人民银行将"落实碳达峰、碳中和重大决策部署，完善绿色金融政策框架和激励机制"列为十项重点工作任务之一，明确"引导金融资源向绿色发展领域倾斜，增强金融体系管理气候变化相关风险的能力"。2021 年 11 月，港交所发布了供上市发行人参考的气候信息披露指引，旨在促进上市公司遵守 TCFD 建议进行气候风险管理，并按照相关建议做出汇报。

在"双碳"承诺背景下，商业转型压力逐渐增大，向低碳经济的转变需要使用科学、定量的方法进行转型策略设计和评估

气候变化正对全球金融系统的稳定构成切实威胁。随着全球经济摆脱依赖不可再生资源的行业（如煤炭行业），转型冲击很可能会出现。如果企业的业务模式不是建立在低碳排放经济学的基础上，企业和其投资者等重要利

---

① 来源于央行与监管机构绿色金融网络（NGFS）的《面向央行和监管机构的气候情景分析指南》。

益相关方均可能因此蒙受损失。企业需要科学、定量的方法摸清在迈向碳中和战略目标的进程中诸多举措的可行性和搭配策略，以最大程度减少市场估值、企业运营、员工及市场的波动。气候情景分析和气候相关风险压力测试就是这样一种行之有效的方法，它既能为企业自身战略设置和风险缓解提供支持，也能够为政策制定者、公司决策者和投资者评估企业承担气候风险的能力提供信心。

⚙ 气候风险的情景分析与压力测试方法

情景分析是一种多样性情景设置和分析方法，在给定一组假设和约束条件下，通过考虑各种可能的未来状态（情景）来评估一系列假设结果，适合对那些中长期或者影响时间不确定，并且复杂难以评估的风险进行分析。[①]

压力测试是一种用于评估特定事件或财务变量的变动对企业造成潜在影响的风险管理工具，可以量化评估极端情况或重大突发事件下的影响，旨在测试极端情景下风险承受能力阈值的工具。在气候和环境风险管理中，压力测试可以反映金融机构或金融市场对风险承受能力的脆弱性。

情景分析和压力测试方法非常适用于气候与环境风险的评估和管理。首先，气候与环境相关风险多是在历史上未出现过的、前瞻性的风险；其次，与气候环境相关的风险一旦形成，通常是传统金融风险评估不会考虑的可能性极小、影响巨大的事件；最后，气候与环境相关风险具有不确定性突出、动态连锁效应复杂且广泛的特征，传统的风险分析方法并不适用。对此，情景分析与压力测试方法展现了良好的适用性，适合中长期或者影响时间不确定、复杂程度较高的情况，且可以量化评估极端情况或重大突发事件下的影响。

企业开展气候风险情景分析和压力测试，一般可遵循如下步骤。

---

① 来源于 GARP 官网文章 *Climate Risk Regulatory Expectations and Stress Testing*。

第一步，输入指标，搭建分析情景

气候和环境的风险压力测试情景的设置可以通过多个维度参数的不同赋值组合形成。通常假设情景设置会包括一个基准情景和若干个不同程度的压力情景，基准情景是指无额外因素干扰的对照参考情景，压力情景则反映在不同程度的外部冲击下的变化。常用情景通常是充分考虑政策要求、经济转型和气候风险而设置的。比如，以《巴黎协定》中达成"到21世纪末，将全球平均升温控制在工业化前水平的2℃以内，并努力追求1.5℃温控目标"为依据设置升温情景，再如以零碳船舶制造和应用潜力及燃料价格变化趋势，设置航运业应对气候风险的情景。不同情景的变化以量化指标的形式作为底层模型的输出，并利用这些模型输出的社会经济变量来评估对各行业企业财务状况关键驱动因素的影响。

NGFS在2020年6月发布的《面向央行和监管机构的气候情景分析指南》中提供了基于升温假设设置情景的方法和面向金融行业的参考情景设施，如图6-6和表6-4所示。

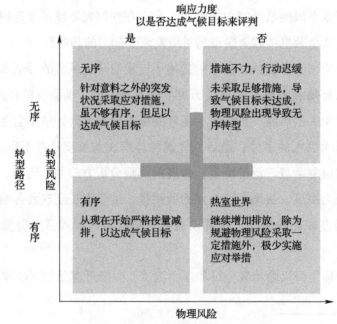

图 6-6　NGFS 的情景分析建议矩形图

表 6-4　NGFS 的金融行业参考情景设置

有序转型	无序转型	"热室世界"
按照《巴黎协定》要求，立即采取减排行动 ● 2020 年拟定碳排放价格 ● 升温低于 2℃ ● 二氧化碳移除（CDR 技术）全面普及 ● 2050—2070 年间实现二氧化碳净零排放	实现《巴黎协定》目标的典型路径，困难重重 ● 到 2030 年达成国家自主贡献（NDC）目标 ● 2030 年后提高排放价格以实现减排承诺 ● CDR 技术部分采用 ● 须比有序转型更快实现二氧化碳净零排放	仅实施当前政策 ● 未实现《巴黎协定》目标 ● 排放价格无变化 ● 中长期存在重大物理风险 ● 预计到 2050 年平均温度升高 2℃，到 2100 年升高近 4℃
备用情景： 升温低于 1.5℃，CDR 技术全面普及 升温低于 2℃，CDR 技术全面普及	备用情景： 升温低于 1.5℃，CDR 技术部分采用 升温低于 2℃，CDR 技术全面普及	备用情景： 仅达成 NDC 目标

亦有非金融行业企业以与自身业务发展链接非常紧密的指标作为情景分析的变量指标，如某大型海运集团在其碳中和行动战略的制定过程中，基于国际海事组织（IMO）等国际组织、监管机构对航运业减排的要求，输入如下情景指标进行模拟和测试，如表 6-5 所示。

表 6-5　某大型海运集团气候风险压力测试输入指标

指标	海运贸易发展轨迹	燃料价格场景	监管方案
情景	挪威船级社（DNV）最新预测的低增长场景	低生物质价格	按照 IMO 的气候雄心设置减排进程
	IMO 第三次温室气体研究设定的高增长场景	低电价	按照 2040 年实现脱碳设置减排进程
		低化石燃料价格	

第二步，明确风险传导机制，建立传导与评估模型

确定情景设置和压力测试的目标后，应当构建适宜实际情况的气候和环境风险传导模型。在大多数情况下，与气候和环境相关的风险都是现有风险的驱动因素，由气候、环境风险到企业财务风险的路径，是需要依托现有理

论和经验进行分析的重点。

首先，应当明确风险的传导机制。物理风险中，诸如极端天气等短期影响和诸如气温升高、海平面上升和降水变化等长期影响，可能影响劳动力、资本和农业生产力。转型风险则包括环境恶化和气候变化的压力下，政策的变化和技术的革新。这些气候和环境风险一方面会通过影响企业的经营情况向其债权人和投资人传导，另一方面还会通过投资、生产率和相对价格等渠道影响更广泛的宏观经济。

其次，传导与评估模型的构建可分为两步：一是气候与环境—经济模型，评估气候与环境风险对公司的财务影响，通过输入各类气候与环境风险因素，输出经气候与环境风险因素调整后的公司财务指标；二是财务风险模型，将调整后的公司财务指标作为模型输入，评估相应的各类财务风险情况并输出财务风险度量指标，如图 6-7 所示。

图 6-7　气候与环境风险模型构建原理

第三步，实施测试、校准，分析结果

收集模型中各情景相应的测试数据，基于风险传导模型实施压力测试，并输出压力测试结果。将基于内部数据来源和现有技术能力进行校准，可通过已有数据验证所选行业在不同气候情景中的变化，或通过专家咨询会等进行研讨。在完成校准验证后，分析本次测试的气候与环境风险因素对企业业务的潜在影响，支持制定相应的缓释措施以缩小业务对气候与环境风险的敞口，如对环境风险信息披露和管理进行优化、在主营业务中规划合理的减排脱碳路径等。

第四步，披露企业管理和应对气候风险的信息

在完成应对气候相关风险压力测试的整个实施过程后，应将情况进行记录并上报董事会和高管层，随后再向监管机构披露。企业还应明确预期的气候相关风险压力测试过程和结果的披露程度，以及相关信息的披露方式，比如通过 ESG 报告进行公开披露，或进行专门的非财务报告进行披露（环境专项报告、降碳报告等），抑或仅针对投资者等外部利益相关者进行小范围披露。

▓ 开展气候与环境风险压力测试的挑战

在全球气候治理宏观背景和各类驱动力作用下，气候与环境风险管理已越来越成为企业需要关注和实施的重点工作。但是针对气候风险的压力测试尚在探索阶段，对于不同行业、体量的企业来说，具体方法也是千差万别的。根据 NGFS 报告总结，这些障碍包括缺乏对气候与环境风险及其相关性的认识，环境和气候因素及相关损失数据不足，气候与环境风险评估方法开发能力有限，评估方法及数据质量存在局限性等。

一是气候风险相关的数据可获得性和准确度较低。这些确实数据主要用于描述企业环境风险敞口、财务和非财务数据、环境和气候因素的变化，以及各类财务指标对环境和气候变化的敏感性分析等。当前暂未形成关于这些数据指标的系统性披露指导政策，不同企业对于数据收集和披露的程度和质量良莠不齐，规范化程度低。这导致数据的监测、处理、使用均面临着不小的挑战。

二是企业对气候与环境压力测试的必要性和重要性认识程度不高，对于该领域的人财物力资源投入亦有限。气候风险分析是跨学科的，涉及产业经济学的工作，需要专业的分析研究团队从建立底层逻辑到进行分析再到得出结果，是一项研究性、系统性和持续性的工作。

三是压力测试整体复杂性较高，模型搭建难度较大，结果受参数调整影响显著。气候风险压力测试需考虑宏观经济、气候变化、行业政策和企业转型之间的动态交叉影响。以当下的认知和情景对未来进行情景假设，在预测上具有较大不确定性，不同模型或相同模型参数设置的细微差别，可能得到差异较大的结果。因此，企业开展环境压力测试多数还局限于在传统风险评估工具的基础上，或是仅以定性的分析结果得到政策建议参考。

◈ 企业开展气候与环境风险管理的行动建议

气候与环境风险管理是一项系统性工作，专业性强、涉及面广，需要尽早准备分步骤推进，才能帮助企业切实管控气候与环境领域的风险。为此，企业即可考虑如下建议。

一是精准认知。实现气候目标是非常艰巨的任务，需要前所未有的经济结构转变，若不做好充分的转型准备，巨大的减排压力极有可能在未来几年对消费和投资带来冲击。气候变化极有可能成为影响企业经营和财务稳定的主要因素，企业管理好与气候相关的风险，不仅是出于自身的收益和稳健运营，也是中国迈向"3060"、贡献全球气候治理的必不可少的关键环节。

二是能力建设。企业应从即刻开始行动，匹配足够的内外部资源，构建数据采集与管理体系，借鉴成熟方法论，多维度检验模型适用性。可考虑从重点高风险行业开始进行压力测试试点工作，探索适用的方法和模型工具，形成"试点—评估—反馈—完善"机制，逐步扩大范围、提高资产覆盖比率。

三是监督约束。各行业的自律组织应当起到阶段性引导作用和规范性约束作用，督促行业企业进行环境压力测试，激发经济增长新动能。例如，在金融行业，中国证券投资基金业协会制定并推动落实针对绿色投资与 ESG 投资的《绿色投资指引（试行）》，通过组织培训班的方式，鼓励并引导行业开展 ESG 投资并在行业内产生积极影响。

四是推动研发。智库等外部机构应当着力丰富压力测试的环境风险种类、完善压力测试的实证模型和方法，合理运用大数据、云计算等新兴技术，优化气候与环境风险评估流程、搭建综合且全面的气候与环境数据库，更好地发挥信息共享与资源赋能的智库作用。

ESG 视角下的生物多样性

ESG 中的生物多样性

2020 年，世界经济论坛《全球风险报告》对全球企业、政府和公民社会开展了"全球风险认知调查"，结果令人震惊：前五大全球风险首次全部来自单一类别——环境！其中，生物多样性的丧失被认为是未来 10 年最重大的风险之一。

2021 年被联合国称为"重塑我们与自然关系的关键一年"[①]。2021 年 10 月 11—15 日，联合国《生物多样性公约》缔约方大会第十五次会议（COP15）第一阶段会议在中国昆明举办，大会通过"昆明宣言"，各国领导人致力于达成一项雄心勃勃的、具有变革意义的《2020 年后全球生物多样性框架》——相当于生物多样性领域的《巴黎协定》[②]，为生物多样性保护实现变革注入了强有力的政治推动力和决心，为全球环境治理提供了切实可行的路线图。这一年，人类活动与经济发展对物种和自然生态造成的压力与损害得到了前所未有的广泛关切，"生物多样性"作为重要的环境（E）议题也被投资者和金融机构高度重视，金融机构在内的投资者必须确保所有活动和资金流动符合生物多样性价值[③]，使全球资金流从对自然不利的结果转向对自然有利的结果。

⁂ 生物多样性或将成为未来经济社会决策的核心

自然资本与金融资本、制造资本、社会资本和人力资本等是国际公认的资本形式，其中自然资本被视为支持所有其他形式资本的基础。我们在很大

[①]　来源于联合国新闻《2021 年是重启我们与自然关系的关键一年》，2021 年 2 月 22 日。

[②]　来源于 CBD COP15：*What does the Global Biodiversity Framework Mean for Investors*。

[③]　来源于联合国环境规划署《2020 年后全球生物多样性框架》。

程度上所增加的金融资本，正是以自然资本和社会资本的使用、开发和退化来帮助实现的。生物多样性是自然资本的一部分，生物多样性越丰富，越有益于自然资本的健康和稳定。

然而，金蜜蜂在 2018 年面向全国公众及相关行业开展的生物多样性意识调研中发现，总体上全国公众生物多样性意识普遍不高，对生物资源具有紧密联系的行业对其行业相关度认知水平相比整体水平较高[①]，但认知还不全面、系统，尤其是中度和高度影响 / 依赖生物多样性行业企业的意识与能力亟待提升。

COP15 为生物多样性投资指明方向

COP15 第二阶段会议将审议《2020 年后全球生物多样性框架》21 个行动目标，所有利益相关者都应在目标实现过程中发挥作用，投资者要确保投资不会损害自然，同时鼓励对自然产生增益（Nature-positive）。

- 目标 15 ：期望所有企业评估和报告其对生物多样性的依赖和影响，将负面影响至少减少一半，并增加正面影响，这是为了降低风险并转向更可持续的商业模式和实践。

- 目标 14 ：生物多样性纳入各级政府和所有经济部门的政策、法规和激励措施，确保所有活动和资金流动符合生物多样性价值，这种资金流动与全球生物多样性目标的一致性反映了金融机构对贡献《2020 年后全球生物多样性框架》的呼吁得到联合国认可。

- 其他目标：如关于减少污染的目标 7，特别提到了杀虫剂和塑料废物，与被投资方相关；关注可持续管理的农业、水产养殖和林业的目标 10 也具有相关性。

COP15 期间，36 家中资银行业金融机构、24 家外资银行及国际组织共同签署《银行业金融机构支持生物多样性保护共同宣示》，将以促进可持续、

---

① 来源于《全球环境基金（GEF）建立和实施遗传资源及其相关传统知识获取与惠益分享的国家框架项目 中国相关行业生物遗传资源开发与利用意识调查和现状分析报告》。

包容的经济与社会发展模式，共同扭转当前生物多样性丧失趋势，实现最迟在 2030 年使生物多样性走上恢复之路，进而全面实现人与自然和谐共生的 2050 年愿景目标。

生物多样性正在成为 ESG 的核心议题

自然损失是我们时代面临的许多社会挑战的核心，如物种灭绝的速度、全球变暖、日益增多的极端天气事件和人畜共染病（如新冠肺炎疫情等）。投资者对生物多样性的关注及行动也远不如气候变化行动，PRI 研究指出其签署国在其报告中提到生物多样性、生态系统服务和自然资本的数量较低，[①]但数量呈增长趋势（见图 7-1）。

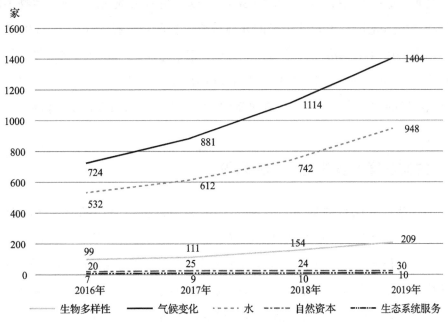

图 7-1 **PRI 签署国在其报告中提到生物多样性、气候变化、水、自然资本和生态系统服务的数量**

在 MSCI ESG 评级体系的 ESG 行业实质性地图中，"生物多样性和土地使用"是"E（环境）"中的评估指标之一，农林牧渔业、医药等行业与此息

---

① 来源于 PRI 官网文章 *Investor Action on Biodiversity*：*Discussion Paper*。

息相关。

预计未来与生物多样性相关的信息披露等监管要求将逐步趋严，决策者、投资者和公民社会将越来越关注生物多样性风险。例如，法国《能源转型促进绿色增长法》（2015 年）第 173 条的修正案要求投资者解释其对生物多样性保护的贡献，并提出其生物多样性相关风险，表明生物多样性正开始被纳入可持续金融政策；欧盟和英国正在制定立法，要求公司进行尽职调查，以确定供应链中的森林砍伐。欧盟《可持续金融信息披露条例》要求资产管理人员披露在生物多样性敏感地区或附近有地点或运营的高暴露领域的公司的投资份额[①]。

有研究表明，从现在起到 2050 年，全球对自然的投资总额需达到 8.1 万亿美元、每年年度投资额需达到 5360 亿美元，才能有效应对气候、生物多样性和土地退化这三大相互关联的环境危机，当前相关投资额仅为 1330 亿美元（以 2018 年为基准年）。[②] 该研究强调政府、金融机构和企业必须将自然问题置于公共和私营部门应对社会挑战（包括应对气候变化和生物多样性危机）所做决策的中心地位，从而加速推动向基于自然的解决方案的资本流动。

⁂ 生物多样性丧失的 ESG 风险

世界经济论坛研究发现，44 万亿美元的世界经济价值产出（占全球 GDP 总值一半以上）中度或高度依赖于自然及其服务[③]，这意味着自然的退化对企业和金融系统的稳定构成重大风险，包括转型、物理、诉讼和监管，以及系统性风险等（见表 7-1），这些风险有可能在短期、中期和长期影响投资价值。对于投资者来说，清楚地了解生物多样性丧失可能对被投资者的风险回报状况及整体投资组合产生的潜在影响非常重要。如果管理不当，某些行业可能会因风险暴露导致资产陷入困境。

---

① 来源于 European Commission 文章 *Sustainable Finance*。
② 来源于 UNEP，WEF 文章 *State of Finance for Nature*，2021。
③ 来源于世界经济论坛《自然风险上升：治理自然危机维护商业与经济》，2020 年 1 月。

表 7-1　生物多样性风险对投资者的影响 [①]

生物多样性风险	信用风险	市场风险	运营风险
物理风险：生物多样性丧失的物理影响	重新评估公司和政府的偿债能力和抵押品	评级下调和股价损失	生物多样性损失通过经营行为直接地或通过供应链间接地影响资产负债表业务连续性问题或机会成本与原材料和生态系统服务（如淡水、鱼类、肥沃土壤基因多样性等）的缺失有关
诉讼和监管风险：打官司和违反潜在法律框架和法规的变更	声誉风险 新的监管规则/贸易协定限制投资于影响生物多样性的活动 因虚假报告生物多样性风险而造成的损害 绿色洗涤造成的损坏 许可证、许可和合规的成本		
转型风险：向保护和恢复生物多样性的经济转型	被投资者面临由于制裁、资产搁浅、损害、无法获得项目融资或与对生物多样性产生负面影响相关的税收增加而面临的损失	由于生物多样性的变化，长期价格上涨 对市场准入的影响，如未能履行对森林砍伐和消费者偏好的承诺 全球或区域生物多样性丧失对市场的影响	由于未能有效管理生物多样性的影响或非政府组织运动而造成的声誉损失
系统性风险：生物多样性丧失的系统性影响	经济不能再以合理的成本投保 依赖于自然资源的主权国家可能面临违约风险		对整个行业/市场的声誉损失 在整个经济领域对企业造成的运营风险

　　此外，生物多样性的丧失将会产生重大的社会风险。生物多样性是人类健康、福祉和生计的基础，地球上近一半的人口直接依靠自然资源来维持生计，扭转生物多样性丧失对于实现可持续发展目标至关重要（见图 7-2）。据研究，80% 以上的可持续发展目标需依赖生物多样性才能成功实现 [②]。例如，传粉生物的减少会显著影响农业生产，进而影响粮食生产和安全。生物多样性丧失造成的社会风险还可能会影响全球贸易、性别平等、经济发展、

———————————

①②　来源于 PRI 官网文章 *Investor Action on Biodiversity：Discussion Paper*。

全球健康及全球和平等系列社会问题。

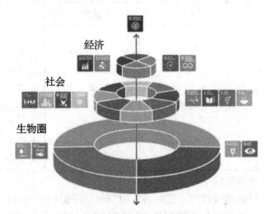

经济

社会

生物圈

图 7-2　可持续发展目标中生物多样性目标与经济、社会类目标的关系

为控制生物多样性风险，全球各界已开始行动。2021 年 4 月，NGFS 成立了专门的工作组，研究生物多样性对金融稳定的影响，以及监管机构如何推动金融体系支持生物多样性保护。2021 年 6 月，来自政府、监管机构、国际组织和金融业的 75 家机构联合发起了自然相关财务信息披露工作组（TNFD），旨在推动企业和金融机构进行相关信息披露，引导全球资金流向与保护自然生态平衡相一致的领域。截至 2021 年 8 月初，全球已有 55 家金融机构签署了生物多样性融资承诺，承诺评估及披露自身业务对生物多样性的影响。[1]金融机构还应通过践行 ESG 投资和可持续金融等方式来帮助改善生物多样性。例如，北欧资产管理公司就曾因巴西肉制品公司 JBS 砍伐森林，抛售了其价值 4500 万美元的股份。[2]

⁜ 生物多样性的长期投资价值

"绿水青山就是金山银山。良好生态环境既是自然财富，也是经济财富，关系经济社会发展潜力和后劲。"保护生态环境就是保护自然价值和增值自

---

① 来源于 PRI 官网 *CBD COP15：What does the Global Biodiversity Framework Mean for Investors?* 2021 年 10 月 22 日。
② 来源于 PRI 官网 *Investor Action on Biodiversity：Discussion Paper*。

然资本，就是保护经济社会发展潜力和后劲。

根据世界经济论坛《自然与商业之未来》报告，生物多样性面临的15项非气候导致的威胁均与以下三大社会经济系统相关：粮食、土地和海洋利用系统，基础设施和建成环境系统及能源和开采系统。各行业通过向新自然经济发展转型、重塑与自然的关系（见图7-3），三大社会经济系统有望在2030年之前创造10.1万亿美元的商业价值和3.95亿个机会，相当于从现在到2030年期间，贡献1/5的全球新增工作岗位。

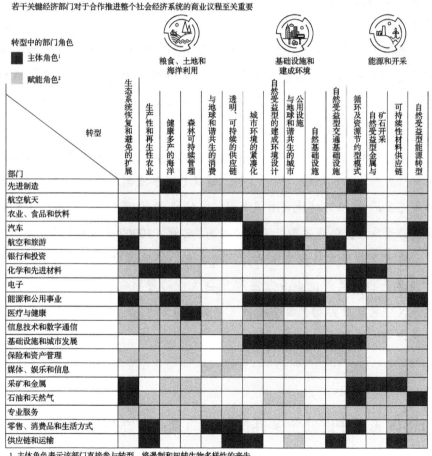

图 7-3　不同经济部门对三大社会经济系统新自然经济转型的作用

来源：世界经济论坛、AlphaBeta研究。

研究发现，如果三大经济系统按照十五项关键转型路径进行自然增益型转型发展，在 2030 年可为中国创造 1.9 万亿美元的新增商业价值和 8800 万个新增就业岗位机会。[①] 与传统商业模式下的工作岗位相比，这些工作机会更可持续，有助于实现提高人与自然和谐共生相处。

蒙牛：在沙漠开展沙草有机奶产业，避免土地利用扩大

自 2009 年以来，蒙牛将没有工业和化学农业污染的乌兰布和沙漠选为有机牛奶生产基地，先后投入超过 1.1 亿美元，对乌兰布和沙漠进行了大规模生态治理。

蒙牛采用旱生乔木、沙生灌木、多年生牧草与一年生牧草相结合的模式进行全面治沙。当前，已在乌兰布和沙漠种植了 9000 万株各类树木，绿化沙漠 200 多平方千米。通过三级造林防护，将当地平均 6 ~ 7 级的原始风力降低至 4 ~ 5 级。

与此同时，公司实现种养结合，有机循环，使用来自沙漠绿洲牧场的牛粪所生产的有机肥料，提升了保水保肥性能和土壤肥力。沙漠绿洲牧场每年可生产数 10 万吨优质有机肥料，总体积达 60 万立方米，按照 1 厘米厚度铺于沙漠上，可覆盖近 1 万公顷（1 公顷 = 10000 平方米）的土地。

通过自然资本核算方法估计，沙漠有机奶牧场为自然环境中所有生物和非生物资源创造企业效益和社会效益的货币化价值共计 2.26 亿美元，其中包括废弃物排放管理带来的效益 0.75 亿美元，牧场建设及周边绿化带来的效益 0.35 亿美元等。

❖ ESG 管理中的生物多样性价值衡量：自然资本核算

虽然生物多样性议题的绝对重要性在国际上日益得到认同，但在现行

---

① 来源于世界经济论坛、金蜜蜂《新自然经济系列报告：中国迈向自然受益型经济的机遇洞察报告》，2022 年。

ESG 体系下其重要性常常被低估，甚至有时被直接忽略。随着 ESG 投资理念不断普及，有观点认为应该将大自然的商品和服务作为一个新的资产类别①。

在评估企业与生物多样性相关的风险时，影响、依赖性和治理是需要考虑的关键因素。②了解企业经营活动如何影响生物多样性、企业对自然系统的依赖程度，以及企业在多大程度上采取措施来缓解其价值链上的这些影响，将帮助企业有效识别、管理生物多样性带来的风险与机遇。2019 年6 月，金蜜蜂与自然资本联盟（已和社会与人力资本联盟联合形成了资本联盟）、世界可持续发展工商理事会在中国共同启动了"Business for Nature"倡议，聚焦未被全面认识和评估的"自然资本"，为企业理解其重要性并将其纳入政策制定和投资决策提供知识储备。自然资本联盟于 2016 年发布的《自然资本议定书》为识别、评估企业对生物多样性的影响与依赖、开展自然资本价值核算提供了标准框架。截至 2021 年年底，中国广核集团、国家电网有限公司、蒙牛集团、伊利集团、中国石化集团、中国核电等在内的一大批企业代表率先关注企业与自然的关系，开展自然资本核算，识别企业运营过程中对自然的影响、依赖及由此产生的风险与机遇。

中国广核集团：善用自然的能量③

中国广核集团（以下简称中广核）作为中国最大、世界第三大核电企业，坚持善用自然的能量，自第一个核电项目——大亚湾核电站建设开始，始终秉持与自然"共生、互生、再生"的理念，将安全与生态保护作为每一个项目建设运营的最核心要求，以中广核"避免—减少—减缓—补偿"的"阶梯型"生物多样性保护思路，践行生物多样性保护责任，发展清洁能源，努力贡献国家"2030 碳达峰、2060 碳中和"目标实现。

---

① 来源于第一财经《金融支持生物多样性，"大自然的恩惠"应成为新的资产类别》，2021 年 10月 11 日。

② 来源于新浪财经《穆迪 ESG 解决方案事业部：超过三分之一的公司与栖息地丧失有关》，2021 年 5 月 31 日。

③ 来源于中国广核集团《中国广核集团 2021 生物多样性保护报告》，2021 年 10 月 11 日。

2019 年，中广核依据《自然资本议定书》框架，对旗下 4 个清洁能源试点项目开展自然资本评估，历经"设立框架阶段""确定范围阶段""计量和估算阶段""实施应用阶段"4 个阶段，定量和货币化的评估 4 个试点企业运营对生物多样性的影响和依赖，并依据结果升级生物多样性保护举措。以大亚湾核电基地自然资本核算结果为例（见图 7-4），大亚湾核电基地在 1994—2019 年期间运营期内创造总价值约 4244.87 亿元 [①]，充分体现核电作为清洁能源的绿色低碳优势及促进社区可持续发展的积极作用。自然资本核算结果可应用于企业管理和决策，有助于识别企业在生产运营过程中面临的潜在风险和机遇，对风险进行持续管理、监测和改进，有助于抓住机遇为企业和社会创造综合价值。

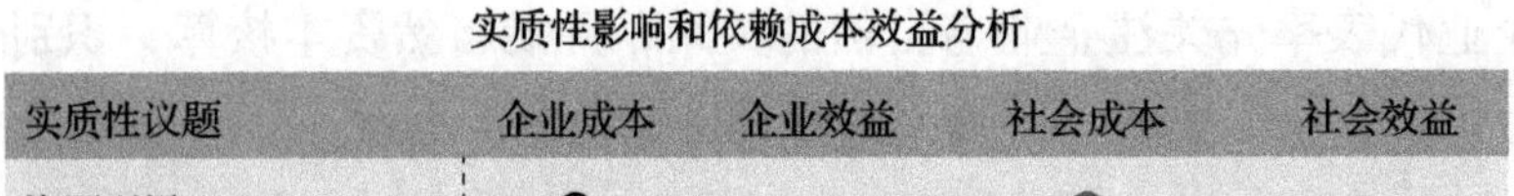

实质性影响和依赖成本效益分析

实质性议题	企业成本	企业效益	社会成本	社会效益
资源利用	●		●	
应对气候变化				●
放射性废弃物管理	●			
噪声干扰	●			
社区福祉和科普教育				●
环境合规、灾害防治及节能技改等对自身影响	●	●		
总体	●		●	●
成本	● 非常大	● 较大	● 轻微	可忽略/没有
效益	● 非常大	● 较大	● 轻微	可忽略/没有

图 7-4 中广核大亚湾核电基地自然资本核算结果

----

① 来源于《中国广核集团 2021 生物多样性保护报告》。

就像气候变化一样，生物多样性危机已经到来。2019 年 5 月，金蜜蜂在内的 8 家单位共同签署了《企业与生物多样性伙伴关系宣言》，承诺参与生物多样性保护、可持续利用与惠益共享，采取生物多样性友好措施，将生物多样性保护理念和政府要求融入成员单位发展战略、日常管理与经营过程，提升企业履行社会责任的能力。

面向自然的投资

2021 年 10 月 12 日，在联合国《生物多样性公约》缔约方大会第十五次会议领导人峰会上宣布，中国将率先出资 15 亿元，成立昆明生物多样性基金，支持发展中国家生物多样性保护事业。[①] 中方呼吁并欢迎各方为基金出资。

这不是中国第一次设立以"生态保护"为主题的基金。在此之前，中国还设立了国家绿色发展基金，首期募资规模达 885 亿元，聚焦引导社会资本投向生态环境领域，以促进生态环境和经济社会的可持续发展。近年来，中国持续加大投入生物多样性保护领域的资金，为加强生物多样性保护提供重要保障。同时，利用财税激励措施，积极调动金融机构和投资者将资本投入生物多样性保护的相关领域。

2020 年，新冠肺炎疫情的肆虐进一步凸显了人与自然关系的重要性，人们越来越意识到，生物多样性的持续丧失和生态系统的不断退化可能会给人类生存和经济可持续发展带来风险。生物多样性作为一个新的商业"流行语"，受到金融机构和投资者的进一步关注。

✦ 生物多样性：隐藏的投资风险与机遇

生物多样性与投资，看似毫不相干、遥不可及，实则关系密切、相互影响。

保护生物多样性为投资者带来长期经济价值

生态系统、物种和基因之间的微妙平衡和相互作用产生了对社会和现代

---

① 来源于昆明宣言《投资者面临的生物多样性风险与机遇》。

经济运行至关重要的服务，从而创造了巨大的经济价值。据生态系统与生物多样性经济学（TEEB）的研究，大自然每年为人类提供价值超过 150 万亿美元的生态系统服务，几乎等同于全球 GDP 的两倍。许多行业的发展依赖于生物多样性，其经济价值的产出也来自大自然的馈赠。正因为如此，投资者认为，生物多样性与长期经济价值的创造息息相关。

生物多样性危机也是一场商业危机

生物多样性丧失将为企业带来转型、监管及金融风险，从而影响投资者的投资回报。新自然经济系列报告《自然风险上升：治理自然危机维护商业与经济》中显示，全球 GDP 的一半直接或间接依赖于生物多样性（中度或高度依赖自然）。生态系统的衰退会扰乱许多重要的供应链，导致这些依赖于自然的企业出现运营困难和成本增加等问题。同时，生态系统功能衰退也会导致重大灾害增多，届时，蒙受经济损失的将远不止依赖自然进行生产的行业。例如，世界上有近 75% 的水果和种子，因为蜜蜂、蝴蝶等传粉生物群体的数量逐渐减少而导致产量和质量下降，农业产量的急剧下降会造成约 2170 亿美元的经济损失（相当于新西兰的 GDP），接踵而来的如由饥荒引发的政治动荡所造成的损失更是无法估量。

除了这些直接导致的经济损失之外，随着全球对可持续发展的日益重视，与生物多样性相关的政策法规对企业施加的压力正在增加，并可能在未来造成巨大的额外成本。不利于自然的企业经营方式会因为相关监管政策而被迫整改或停止，从而导致企业的资产估值下降。

投资者逐渐将关注点从 ESG 投资进一步延伸至"生物多样性""自然资本"等议题，生物多样性对其投资组合所带来的经济风险不容忽视。挪威的政府（全球）养老基金（GPFG）已将 5 家中药公司除名，都被认定为"破坏环境"，主要体现在对某些濒危物种造成了严重威胁。

金融机构和投资者意识到 ESG 投资本质，提高 ESG 投资意识尤为重要，在投资过程中将 ESG 理念作为核心，用以消除风险、提高回报。

✤ 追求自然受益型的"内行"投资者

资本向善，义利并举，是虚幻的泡沫还是投资者可以追求的目标？生态系统衰退使企业面临巨大的风险，但其危机也为投资者创造了真正的机遇。

具有前瞻性的投资者已经积极采取行动，以投资行为来保护和恢复生物多样性，将生物多样性作为决策过程的核心因素之一，系统地识别、评估、减缓和披露与生物多样性相关的风险，开发为自然增值的投资产品和商业模型，通过践行 ESG 投资方式，从中发现新的商业机会并获得收益。

减缓措施递进的投资策略

采用具有战略性和科学性的方法，识别和应对生物多样性风险，可以有效减少生物多样性对投资行为带来的影响，将投资成本效益最大化，从而实现生态与商业的双赢。近年来，缓解措施等级（Mitigation Hierarchy）在国际上已受到广泛关注，金融机构和投资者已将其作为项目筛选、风险识别与评估的应用工具。

什么是减缓措施递进？简单来说，减缓措施递进是投资者用于识别和管理被投企业生物多样性影响的策略和工具。[①] 投资者鼓励被投企业实施减缓措施递进策略，以寻求推动生物多样性的积极成果并减少消极成果，该阶梯可以指导用户限制其活动对生物多样性的消极影响。它包括以下几点：避免和尽量减少对生物多样性的影响，恢复生物多样性，以及采取能产生积极生物多样性结果的行动，为被投企业提供机会（见图 7-5）。

对于投资者来说，减缓措施递进的原则可以具象化至投资战略与流程等多个层面，包括制定一些可量化的目标，识别出业务范围内生物多样性风险较高的产业或活动类型，并建立一定的筛选标准和机制。除此之外，金融机构在管理生物多样性风险中常见的管理工具还包括机构的长期战略和目标、排除清单、禁入政策和行业专门信贷政策等。

---

① 来源于《生物多样性金融 PFB | 实战篇：如何使用递进工具减缓生物多样性风险》。

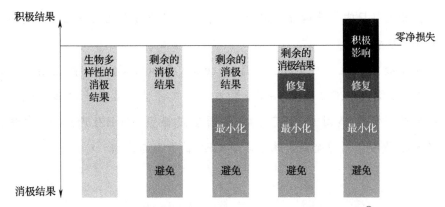

图 7-5 减缓措施递进策略可以推动转变，达成正效应 [1]

可量化、可视化的投资工具

荷兰一家关注可持续发展的零售银行——ASN，是全球第一家测量其所有投资组合中生物多样性足迹的银行。通过使用"金融机构生物多样性足迹"（Biodiversity Footprint for Financial Institutions，BFFI）框架，计算出其投资对生物多样性的影响相当于将一片 6600 平方千米区域中的生物多样性完全清除，这个面积约等于上海市的大小。投资者应加强对投资组合的生物多样性影响评估，将自然因素纳入投资流程，进行更加审慎和创新的投资。

生物多样性的足迹测量比碳足迹测量更加复杂，建立普遍接受的方法来衡量生物多样性表现方面存在许多困难，包括生物多样性本身的复杂性，以及组织活动与自然环境之间因果关系的复杂性等。当前已经逐步开发出一些用于衡量投资者生物多样性足迹的方法和工具，用以帮助投资者识别评估生物多样性风险较高的行业与企业。

● ENCORE（Exploring Natural Capital Opportunities，Risks and Exposure），是联合国支持的"负责任投资原则"组织（PRI）和联合国环境规划署世界自然保护监测中心（UNEP-WCMC）针对金融机构与投资者开发的一款展示全球范围内相对自然资本枯竭的热点地区的可视化、交互式在线工

---

① 来源于 PRI 官网文章 *Investor Action on Biodiversity：Discussion Paper*。

具。其主要目的是让投资者清晰了解、识别被投资企业面临的自然资本风险并采取相应行动。

● 全球生物多样性评分（Global Biodiversity Score，GBS），由法国最大的公共金融机构 CDC Biodiversité 开发，旨在评估企业的生物多样性足迹和影响。汇丰集团（HSBC）、法国国家投资银行（BPI France）和法国 Mirova 投资公司等金融机构参与了 GBS 的开发与应用。

不断探索衡量的投资价值

"生态价值货币化"仍然是自然受益型投资面临的核心挑战，国内外投资者都在努力探索衡量生物多样性投资回报的方式。

世界自然保护联盟（IUCN）与阿拉善 SEE 基金会合作翻译发布了《企业生物多样性绩效规划与监测指南》（中文版），为企业管理和监测生物多样性绩效，制定和实施生物多样性战略计划提供了方法，包括可衡量的总体目标、行动目标及一套核心关联指标，使企业能够跨业务衡量生物多样性绩效。该指南总结出一套"四阶法"，分 4 个阶段详细介绍了企业应如何规划生物多样性目标，选择和应用恰当的生物多样性指标，并以促进成效管理和企业生物多样性报告的方式收集、展示和数据分析。该指南还提供了针对每个阶段能够广泛用于多个行业的评估标准、指南和工具的清单。

参照气候相关财务信息披露工作组（TCFD）的成功经验，国际金融界在 2020 年筹备设立自然相关财务信息披露工作组（TNFD），旨在让企业和金融机构全面了解自然风险并纳入决策过程，而不仅仅只是关注气候风险，同时提供一个框架，让各金融主体能够采取行动应对不断变化的自然相关风险，以支持全球资金流从对自然不利的结果转向对自然有利的结果。TNFD 框架遵循 7 个原则，即市场可用性、以科学为基础、与自然相关的风险、目的驱动、综合和适应性、气候和自然的关系、全球包容性，TNFD 的工作范围集中在如空气、土壤和水等与自然有关的元素，是一个促进世界范围内与自然相关的报告一致性的工具，用于完善短期金融风险及由自然依赖而带来的长期风险。与自然有关的财务披露的核心要素如图 7-6 所示。

《企业生物多样性绩效规划与监测指南》"四阶法" [①]

- 从企业自身出发，了解企业对生物多样性的潜在影响和依赖，并确定优先保护物种、栖息地和生态系统服务。
- 设立企业生物多样性愿景、总体目标和行动目标，并制定具体实施战略。
- 建立相互关联的核心指标框架，以便在企业内进行与生物多样性影响有关的数据汇总，并评估企业活动中的生物多样性保护成效。
- 制定与实施监测计划，监测在第三阶段确定的指标，收集、分析和共享数据，总结经验并进行调整。

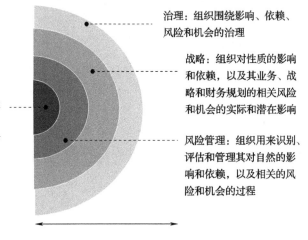

量度和目标：量度和目标用于评估和管理对性质的相关影响和依赖，以及相关的风险和机会

治理：组织围绕影响、依赖、风险和机会的治理

战略：组织对性质的影响和依赖，以及其业务、战略和财务规划的相关风险和机会的实际和潜在影响

风险管理：组织用来识别、评估和管理其对自然的影响和依赖，以及相关的风险和机会的过程

与自然相关的风险：在上述每一个支柱中，组织必须考虑其对自然的影响，对自然的依赖，以及由此产生的财务风险和机会

图 7-6　与自然有关的财务披露的核心要素

生物多样性投资环境的成熟还有待时日，但前进的方向是明确的。致力于创造长期价值的投资者需要在行业、经济和全球层面应对生物多样性丧失问题，将生物多样性丧失作为系统性风险纳入投资管理流程，为实现"2020年后全球生物多样性框架"的"2050"愿景发挥积极作用。

---

① 来源于关注森林网文章。

第八章

CHAPTER8

公司治理的 ESG 属性

ESG 治理架构的选择

　　面对气候变化、公共卫生与健康安全等复杂多变的挑战，企业持续完善公司治理、加强环境、社会等风险管理，关系到自身的可持续发展。正如良好的变革需要来自顶层的驱动力，有效的环境、社会和公司治理（ESG）要求企业具备整合 ESG 要素的强大领导力。

　　因而需要搭建适宜的 ESG 治理架构，推动 ESG 监督、管理职责成为公司治理的重要组成部分。罗盛咨询（Russell Reynolds Associates）面向来自世界各地各行各业领先企业的 147 位提名和治理委员会（NomCo）主席的调查显示，74% 的 NomCo 主席将 ESG 监督职责视为公司治理排名前三重要的职责 [1]。

　　搭建 ESG 治理架构并不意味着放弃传统的公司治理架构。事实上，ESG 治理架构是传统公司治理架构的有益补充，甚至是重要组成。将 ESG 事项提升至公司治理的重要位置，建立覆盖决策层、监督层、执行层各个层级，且分工负责、权责清晰的 ESG 治理架构，保障 ESG 事项融入不同层级的履责过程中，有助于提升公司综合治理水平。

量体裁衣，架构组成不能"一刀切"

对于大多数企业而言，如何构建 ESG 治理架构仍是个难题

　　建立并完善 ESG 治理架构已然成为大势所趋，在中国，真正建立 ESG 治理架构的企业仍需增加。联合国支持的"负责任投资原则"组织（PRI）

---

[1]　来源于哈佛商学院文章。

面向境内外 40 家机构投资者的调查显示，由于接触不到 ESG 对口部门或人员、投资者关系人员不懂 ESG 等原因，机构投资者与中资上市公司沟通 ESG 问题时存在障碍，可能导致上市公司吸引投资的能力受到影响[①]。

设置 ESG 治理架构"没有唯一正确的答案"

每家企业可以结合公司治理现状、营业规模、业务的社会影响等实际情况，进行综合考虑，选择适合自己的 ESG 治理架构。现实中，ESG 治理架构通常包括以下几种形式。

一是改变原有的公司治理架构。由董事会负责 ESG 事项审议、决策，并在董事会下设 ESG 委员会，或者在董事会专业委员会下设置 ESG 委员会，负责企业 ESG 相关事项的监督、指导，下设 ESG 工作小组负责具体 ESG 工作的推进执行。例如，中化国际在董事会层面设立可持续发展委员会，委员会下设"可持续发展工作组"，并通过健康安全环境（HSE）、绿色生产、社区沟通、员工关爱、可持续供应链 5 个专项小组开展具体工作，如图 8-1 所示。

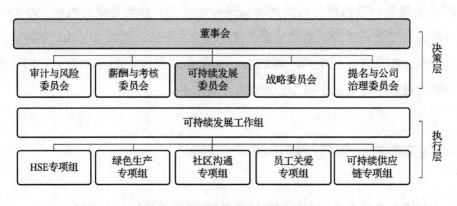

图 8-1 中化国际 ESG 治理架构

二是不改变公司治理架构，但对企业 ESG 治理具有监督管理作用。在集团层面设立独立于董事会和专业委员会的 ESG 委员会，委员会下设秘书

---

① 来源于搜狐官网文章。

处或工作小组，推动集团内部各个单位开展 ESG 实践。例如，伊利成立可持续发展委员会，由董事长担任委员会主席，下设秘书处建立平台，负责日常组织可持续发展工作，事业部、职能部门分工负责相关工作推进执行，如图 8-2 所示。

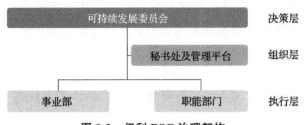

图 8-2　伊利 ESG 治理架构

　　三是"虚设"功能性 ESG 治理架构。即不在董事会设立专门的 ESG 委员会，也没有专业的 ESG 委员会，但有专门的程序或机制将 ESG 因素纳入企业决策和活动中。该模式适用于董事人数有限的小型企业，可能会减少因常设 ESG 治理架构而增加的运营成本，但存在对 ESG 事项缺乏持续的关注和考量等问题。

⊹ 秉要执本，以董事会为 ESG 治理核心

　　在 ESG 治理架构中，董事会应该直接参与 ESG 治理，发挥其对 ESG 事项的决策、监督作用，引领 ESG 理念、战略的落实。这也是为何港交所发布的新版《环境、社会及管治报告指引》，特别强调了以董事会为核心的 ESG 治理的重要性，并强制性要求上市公司阐明董事会对 ESG 事宜的监管、业务相关重要 ESG 事宜的识别评估等情况。

董事会需要在企业决策沟通中，充分发挥 ESG 领导力

　　董事会发挥 ESG 领导力是开展 ESG 治理的重要保障。一方面，在董事会与管理层决议 ESG 事项的过程中，从董事会要求管理层汇报企业 ESG 情

况，到与董事会讨论时管理层能主动沟通 ESG 事项，再到管理层能主动提出 ESG 决策问题，董事会 ESG 领导力逐步发挥，使得 ESG 决策更符合业务发展需要。另一方面，在董事会与外部利益相关方的沟通中，从被动回应到准备好随时与利益相关方沟通 ESG 问题，再到主动与利益相关方沟通并寻求 ESG 问题的意见，董事会逐步加强与合作伙伴、供应商、客户等密切沟通，并将其诉求纳入董事会决策考虑中，推动做出兼顾业务发展和社会环境效益的科学决策[①]。

董事会应推动制定与业务运营高度融合的 ESG 重大战略

董事会应该积极参与、审议企业 ESG 战略的制定，推动在战略规划过程中关注 ESG 事项，或者制定一个独立的 ESG 战略。但这两种形式的 ESG 战略影响力尚不够，更重要的是，推动 ESG 事项全面融入企业战略的各个方面。耐克公司的董事会将 ESG 因素融入包括创新、产品设计、制造和采购等业务战略决策，还积极参与品牌、人力资本等重大 ESG 问题的战略决策。

董事会应重视 ESG 风险与机遇，检讨 ESG 目标的达成情况

董事会参与 ESG 治理是长期妥善处理 ESG 风险、把握 ESG 发展机遇的关键。董事会应该审议确定重要的 ESG 风险与机遇，推动管理层制定有助于降低风险、发现长期价值的 ESG 计划与目标，并监督目标达成情况。例如，太古公司重点关注不稳定的地区及地缘政治环境、气候变化、产品及服务对环境的影响、传染病及大流行病等 ESG 风险，为了减缓气候变化等 ESG 风险，制定气候变化政策及减碳目标，积极采取减缓措施。其董事会定期听取 ESG 风险管理进展及成效的汇报，强化监督与决策，以保障相关风险得到有效管控。

---

① 来源于 KPMG 官网报告。

◆ 尽其所长，提升董事会决策专业性

以 ESG 委员会为补充，弥补董事会决策专业不足的问题

董事会专业委员会在董事会决策中发挥重要的"参谋"作用，为改善 ESG 治理水平，董事会专业委员会需要承担 ESG 相关监督指导职责。可以通过将 ESG 治理职责融入现有专业委员会，或成立专门的 ESG 委员会等方式来实现。第一种方式下，专业委员会容易因重视或擅长履行原来的职责，使得 ESG 治理职责的履行流于形式。鉴于 ESG 治理的复杂性，最好采取第二种方式——建立 ESG 委员会，让董事会 ESG 治理功能更好地运转起来，提升董事会 ESG 事项决策的专业性、系统性。

结合 ESG 治理实际需求，进一步明确 ESG 委员会职能

通常 ESG 委员会被赋予以下职能：监督企业 ESG 愿景、目标、策略、政策等制定，检查 ESG 相关的政策、法规、标准、趋势及利益相关方诉求等，并判定企业 ESG 事宜的严重性，向董事会提供决策咨询建议以供审议；监督企业 ESG 工作的实施、ESG 战略的执行情况，检讨 ESG 目标达成的进度，并就下阶段 ESG 工作提出改善建议等。当然，ESG 委员会的职责并非千篇一律，企业需要考虑自身实际需要，做到分工明确、责任清晰、任务到人。

优化选聘和激励机制，提升 ESG 治理的专业化程度

一方面，如果 ESG 委员会的影响力、领导力不够，其存在可能形同虚设。因而 ESG 委员会成员通常由董事会成员、高级管理人员担任，委员会主席则由董事会主席担任，以保障委员会有权力充分发挥 ESG 监督管理作用。另一方面，成员是否具有及具备哪些 ESG 相关的教育背景、工作经验，也需要纳入考虑范畴，更专业地解决面临的 ESG 问题。此外，还可以采取适当的激励措施，将董事、高管等薪酬与 ESG 短期绩效或中长期绩效挂钩，

促使其更有意愿和动力去关注 ESG 事项，并纳入企业决策和活动中。

事实上，很多企业董事、高管等普遍面临缺乏 ESG 专业知识的困境。即使在《财富》100 强 1188 名董事中，也仅有 29% 的董事具备 ESG 相关专业知识。企业应该将 ESG 专业知识和经验作为招聘 ESG 治理架构成员的重要因素。举例来说，在"双碳"目标的背景下，高能耗的企业面临重大的碳排放风险，如果其 ESG 委员会中有气候变化、碳排放相关知识储备的成员，能向董事会提出更有针对性、更专业的意见，将对企业科学应对气候变化风险大有裨益。美国某金融公司在其董事会遴选矩阵中，就纳入了商业道德、公司治理、社会责任、环境可持续等资质与经验要求，以保障董事会在进行相关决策时，能获得更专业的意见和支持，如表 8-1 所示。

表 8-1 美国某金融董事会遴选矩阵（部分）

董事资质与经验总结 \ 董事会成员	成员1	成员2	成员3	成员4	成员5	成员6	成员7	成员8	成员9	成员10	成员11	成员12	成员13
学术/教育背景：与我们的业务和战略相关的组织管理和学术研究							●	●		●	●		
商业道德：道德在业务成功中发挥着关键作用		●	●					●			●		
业务主管/行政总监：具有管理经验、领导素质及识别和发展其他人相关素质能力的董事	●	●	●	●	●	●	●	●	●	●	●	●	●
业务运营：能对制定、实施和评估运营计划和业务战略实际理解	●	●	●	●	●	●			●	●		●	●
公司治理：支持实现强有力的董事会和管理层问责制、透明度及保护股东利益的目标	●	●	●	●	●	●	●	●	●	●	●	●	●
企业责任：参与以道德和社会为重点的商业实践，促进对企业慈善或慈善目标的关注		●	●	●	●	●			●		●		
环境/可持续性/气候变化：加强董事会的监督，确保在可持续的以环境为中心的模式内实现战略性业务需求和长期价值创造		●	●					●					

针对 ESG 委员会专业性不足的问题，还可以引入外部 ESG 专业委员会

ESG 事项覆盖广、专业化程度高，特别对众多处于 ESG 治理初期的企业来说，ESG 委员会尚未形成足够的认识，更别提实际运用。企业可以参考国际优秀企业的经验，引入外部 ESG 专业委员会的支持。陶氏从 1992 年起成立了可持续发展外部咨询委员会，其成员包括来自全球非政府组织、学术界、商界、政府等思想领袖，帮助陶氏了解外部利益相关方的关注点与态度，并提供能源转型等 ESG 挑战的独特见解 [1]。也有企业针对具体某一类 ESG 问题成立外部 ESG 专业委员会，如赛诺菲成立由外部专家组成的生物伦理咨询委员会，该委员会提供生物伦理相关重要问题的专业建议，引导赛诺菲考虑利益相关方期望，以改进相关履责实践 [2]。

然而，中国企业引入外部 ESG 专业委员会的情况并不常见，没有意识到外部 ESG 专业委员会的重要作用。外部 ESG 专业委员会可能不是公司治理的正式组成部分，但能作为 ESG 治理架构的有益补充，帮助企业了解最新的 ESG 趋势和动态，获得外部对于企业 ESG 事项的专业意见和想法，从而引导企业做出科学的 ESG 决策。

⚙ 统筹兼顾，建立协同工作机制

仅有 ESG 决策、监督力量还不够，需要进一步形成推动 ESG 自上而下落实的协同工作机制

特别对于组织架构复杂、管理层级较多的企业，可以在 ESG 委员会下成立 ESG 工作组，发挥"上传下达，下情上达"的组织协调作用。ESG 工作组在日常工作中，承担着识别 ESG 风险，针对各项 ESG 风险制定计划和目标，汇报 ESG 进展等职责。同时，将董事会层面的 ESG 决策和要求进行细化分解，精准地传递给职能部门、事业部、子公司等下级组织，并将下级组织在实际运营中发现的 ESG 问题、取得的进展等，集中反馈到董事会层面，以保证董事会决策不会脱离业务运营的 ESG 实际情况。

---

[1] 来源于 DOW 公司官网。
[2] 来源于 Sanofi 官网文章。

ESG 工作组内部也需要形成高效协同机制

由于 ESG 事项涉及范畴广泛，覆盖合规管理、HSE 管理、人力资源管理、产品质量管理、供应链管理、风险管理等众多部门职责。设立 ESG 工作组，将相关部门负责人等重要成员凝聚在一起，为跨部门 ESG 沟通合作搭建了桥梁。在明确 ESG 工作组成员职责及分工的基础上，工作组内部需要形成常态化沟通、合作机制，共同推动企业 ESG 工作自上而下高效落地。

对于很多企业而言，ESG 治理尚属新的内容，但也是越来越重要的内容。迈出第一步建立适合的 ESG 治理架构势在必行，需要尽快行动起来，明确相应的 ESG 治理职责，促进董事会、管理层等的深度参与、高效协同，为提升企业 ESG 治理水平筑牢组织保障。

董事会多元化背后的隐性价值

2021 年 8 月 6 日，美国证券交易委员会（SEC）正式批准了纳斯达克交易所"董事会多元化提案"。时隔 2 个多月，世界大型企业联合会（The Conference Board）发布的《公司董事会实践报告（2021 版）》显示，2021 年标普 500 指数 59% 的公司披露了董事会的种族构成，较 2020 年大幅增长 35 个百分点；标普中型股 400 指数公司女性董事席位占比由 2016 年的 15.8% 上升至 2021 年的 26.7%……越来越多的上市公司正在以创纪录的速度强化董事会的性别、种族等多元化构成。

经济环境的不确定性也加剧了企业对特定知识、经验董事会成员的需求，董事会多元化已经成为加强公司治理不得不关注的问题。董事会作为公司治理架构的核心环节，如果缺失多元化特质，企业可能疲于应对日益变化的环境、日趋严峻的挑战，制约企业环境、社会和公司治理（ESG）理念落地，影响自身的可持续发展。

什么是董事会多元化

董事会多元化是指企业的董事会构成尽可能呈现多元化特征，可以分为技能、专业知识、经验、性别、种族、年龄、地理位置、独立性等方面的多元化。[1]

▓ 多重内外部驱动力下，企业董事会多元化势在必行

全球领导力咨询公司亿康先达（Egon Zehnder）的研究表明，虽然全球

---

[1]　来源于德勤《什么是董事会多元化》。

在董事会多元化方面有所进步，但改变的速度微不足道①。究其原因，很多企业并没有认识到董事会多元化的重要意义，没有明确董事会多元化的重要地位。为什么企业应该关注并持续改善董事会多元化？

作为 ESG 多元化政策的一部分，全球董事会多元化的监管要求日趋严格

纳斯达克交易所"董事会多元化提案"的通过，意味着在纳斯达克上市的公司都需任命至少两位多元化董事，并每年披露相关信息。首先，对于不同类型公司而言，多元化董事的界定存在差异。在美国注册的公司可以分别采用美国平等就业机会委员会（EEOC）和加利福尼亚州相关法律的分类，确定"代表性不足的少数群体"和"LGBTQ＋群体"；小型公司和国外发行人可以同时任命两位女性董事，或者与在美注册的公司遵循相同要求，但"代表性不足的少数群体"可依照所在国的法规，考虑国别、民族、文化、宗教、语言等更广泛的维度；董事会人数在 5 名或 5 名以下的公司，任命一位多元化董事即可满足新规要求。

其次，在推进时间要求方面，第一位多元化董事应在 2023 年 8 月 7 日前完成任命，第二位则可根据公司所在的市场层次灵活调整：全球精选市场（Nasdaq Global Select Market）和全球市场（Nasdaq Global Market）公司应在 2025 年 8 月 6 日前完成任命，资本市场（NCM）公司在 2026 年 8 月 6 日前完成任命即可；新上市企业需在上市一年后达到披露要求，若未能满足多元化目标，则需做出解释。

新加坡交易所于 2021 年 8 月 26 日也提议，要求发行人制定董事会多元化政策，并在其年报中披露相关目标、配套计划和时间表，以及董事会多元化如何满足发行人的需要和计划等信息。在中国，港交所从 2019 年以来要求所有发行人披露其董事会多元化政策，2021 年建议终止单一性别董事会，并为现有发行人提供三年过渡期，首次公开招股（IPO）申请人的董事会也预期不再只有单一性别的董事，如图 8-3 所示。

---

① 来源于 fairplaytalks 官网文章。

纳斯达克交易所	新加坡交易所	港交所	
董事会多元化提案	提议对发行人进行强制性董事会多元化披露	有关检讨《环境、社会及管治报告指引》及相关《上市规则》条文的咨询文件	有关检讨《企业管治守则》及相关《上市规则》条文的咨询文件
• 所有上市公司至少有两名多元化的董事，其中包括一名女性和一名"代表性不足"的少数群体成员。如果公司没有需提供书面理由 • 规模较小的公司和上市的外国公司可以采用两名女性董事 • 在一年内公开披露董事会多元化统计数据，并在两年内至少有一名多元化董事，在四到五年内至少有两名多元化董事	• 董事会多元化政策，包括实现董事会规定多元化的目标、配套计划和时间表 • 描述董事会中董事的技能、才能、经验和多样性如何满足发行人的需要和计划	• 披露董事会成员多元化的政策；若申请人的董事会成员全属单一性别，其应披露及解释： ✓ 上市后如何及何时达到董事会成员性别多元化 ✓ 为实施性别多元化政策而订立的可计量目标 ✓ 申请人建立一个可以确保董事会成员性别多元化的潜在董事继任人管道所采取的措施	• 强调成员全属单一性别的董事会不会被视为《上市规则》中的多元化的董事会 • 新增强制披露要求，规定所有发行人须设定及披露实现性别多元化的目标数字及时间表，以在董事会层面，所有雇员层面（包括高级管理层）均达到性别多元化

图 8-3　全球主要证券交易所关于董事会多元化的要求

这些行动绝非特例，董事会多元化正逐渐成为上市公司必须遵循的规则。

董事会多元化成为国际投资机构的 ESG 投资评估因素之一，影响企业在资本市场的竞争力

随着 ESG 投资理念在全球范围内的迅速发展，董事会多元化成为国际投资机构进行 ESG 评估必不可少的一项主题。2018 年，贝莱德在《美国证券代理投票指南》中强调，其投资的公司至少要有两名女性董事，并向不足两名女性董事的罗素 1000 指数公司发送信件，询问其董事会构成如何与长期战略保持一致，要求其提供关于努力提升董事会多元化的报告。2020 年，全球最大保险集团安盛旗下的资产管理部门表示，对发达市场上市公司董事会设定 33% 的性别多元化目标，并可能对未达到这一目标的公司持反对意见[①]。在中国，12 家投资机构首先发起了女性董事倡议，倡导将女性董事作

① 来源于百家号官网。

为判断公司治理的一项指标，计划推出以董事会性别多样化为主题的投资基金，并明确该主题基金的女性高管及董事目标，将推动更多企业关注董事会多元化问题 ①。

董事会多元化对企业财务业绩、决策能力和品牌声誉等方面有所助益

在提升财务表现方面，麦肯锡 2020 年的报告发现，与董事会多元化程度较低的同行相比，董事会多元化程度高的企业财务业绩优于平均水平的可能性高 36%。② 新加坡上市公司的调查也显示，相比不具备多元化特征的董事会，性别多元化、年龄多元化、种族多元化的董事会资产回报率平均高出 2～3 个百分点，如图 8-4 所示。

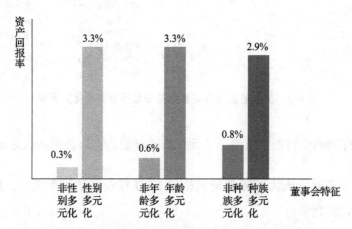

图 8-4　新加坡上市公司董事会特征与资产回报率

在促进有效决策方面，多元化的董事会成员更有可能拥有不同的领导力、思维方式、风险偏好等，有助于增强对更多风险的敏感性，提高董事会有效决策、解决问题的能力。普华永道 2021 年的公司董事调查显示，93%的董事同意董事会多元化为董事会带来了独特的视角 ③。

此外，拥有多元化的董事会能向内外部利益相关方传递出积极的信号，

---

① 来源于深圳市地方金融监管局官网。
② 来源于麦肯锡官网。
③ 来源于普华永道官网。

表明企业不歧视少数群体、大力支持多元化，有助于树立具有社会责任感的企业公民形象。

⠿ 超越性别多元化的董事会，给 ESG 治理带来更多新的视角

一提到董事会多元化，仍有不少人的第一反应就是性别多元化，但二者绝不应该等同。在性别多元化之外，年龄、专业背景、种族等因素有助于构成更多元的"多元化董事会"，为加强企业 ESG 治理带来更多的新视角、新理念、新思路。

性别多元化是企业加强董事会多元化的有效抓手

性别多元化在执行、合规、披露等方面，相比其他多元化特征，更加简单明了，也更容易实现。企业及董事会成员需要转变思维，认识到女性董事带来的好处并激发女性董事的潜力。

女性董事能给企业带来传递治理良好的信号、更好处理与利益相关方的关系等积极影响。不仅如此，女性董事能更好地反映客户需求。女性在家庭中扮演的角色，决定了其对购买决策的影响力，根据中国年度消费数据显示，中国 75% 的家庭总消费由女性来做决策。随着社会和消费趋势的不断变化，企业越来越需要把女性纳入市场开发等决策过程，从而有效扩大市场。此外，女性还更倾向于规避风险，有女性董事的董事会，更可能关注潜在的风险问题，平衡男性董事过度自信导致的决策风险，不采取激进的高风险策略，或是促使企业加强风险管理，提升公司治理水平。

然而，中国企业董事会性别多元化情况有待进一步改善。2021 年瑞信研究院发布的《瑞信性别 3000》显示，2021 年中国企业董事会女性董事比例为 13%，与全球平均值仍有一定差距。在 2015—2021 年期间，中国企业女性董事比例微升 3 个百分点，而全球企业女性董事比例增加 8.9 个百分点 [1]。

---

[1] 来源于 credit-suisse 官网。

在数字化时代，董事会成员需要加速年轻化步伐

尽管不少企业在董事会多元化上付出了努力，但年龄因素长期以来都被忽视，因为年龄代表阅历、经验和视野对企业的发展十分重要。

然而，事实上，80 后、90 后的中青年力量作为数字时代原住民，也是重要的客户群体，更能理解新一代目标客户的消费心理。董事的选拔与目标客户群体的定位相似，可能给企业发展注入新的鲜活力量。

例如，时尚品牌的董事会成员正在加速年轻化。咨询公司道德与董事会（Ethics & Boards）的数据显示，在奢侈品行业 40 家主要上市公司中，已有 7 家的董事会含有 40 岁以下成员，其中 30% 年轻董事会成员以独立董事的身份参与公司管理决策。

在复杂多变的环境中，董事会还需要专业知识多元化

大多数董事会的董事都具有商业、会计和法律等背景，但企业决策需要多领域的专业能力、多元的知识背景，才能更好地面对多元化的风险与机遇。例如，技术更迭贯穿几乎每个行业，意味着精通大数据、网络安全等领导者十分重要；很多企业主张员工是最宝贵的财富，董事会也可以拥有具备人力资源专业知识的董事。

特别地，随着 ESG 理念日益深入人心，有 ESG 背景的董事能更好地应对复杂的社会环境风险，但很多企业的董事会缺乏 ESG 专长。一项面向《财富》100 强企业的调查显示，仅 29% 的董事拥有 ESG 相关资历，其中 21% 的董事有社会维度（S）相关经验，只有 6% 的董事有公司治理维度（G）相关经验，6% 的董事有环境维度（E）相关经验，董事会亟须注入 ESG 力量。例如，在能源行业向低碳转型的压力下，国际油气巨头埃克森美孚董事会缺乏新能源经验，没有积极采取应对气候变化的举措，是导致其财务业绩表现长期不佳的原因之一。埃克森美孚不得不撤换以前的董事，聘任 2 名有可再生能源经验的董事，推动其在整体政策上向新能源领域倾斜，更好地应对气候变化风险。

⫲ 行动刻不容缓，尽早建立多元化董事会

值得强调的是，不应该把董事会多元化视为"灵丹妙药"，关键的是多元化思想的碰撞。董事会作为企业的"大脑"，应该是一个能进行激烈辩论、产生新想法、共同商讨决策的地方。真正倾听并纳入多元化董事会的观点，形成新的视角、新的想法，让董事会更有效识别 ESG 风险与机遇，以更科学的决策助力企业可持续发展。

董事会多元化作为 ESG 领域的重要议题，其建立需要企业立即的行动，而不是顺其自然。普华永道的公司董事调查显示，2021 年认为不需要采取行动就能自然实现董事会多元化的董事比例下降至 33%，而在 2020 年这个比例为 71%。围绕如何加强董事会多元化，NGO 咨询机构等开展广泛研究，如国际公司治理网络（International Corporate Governance Network）于 2016 年发布《董事会多元化指南》，明确了促进董事会多元化的原则、做法，为企业加强董事会多元化建设提供了有益的参考和启发。具体来说，建立多元化董事会，做到以下几点很重要。

董事长应鼓励思想的碰撞，减少多元化造成的冲突

董事会多元化不仅关乎成员组成的多元化，更关乎董事会内部对多元化观点的接纳程度。董事长对董事会议程、支持董事会多元化负首要责任，应营造一个合议且高效的环境，如鼓励、引导新的董事、独立董事和多元化董事提出与主流意见不同的观点，认真分析董事为议案提出的建设性意见，而不是主观上排斥差异化观点。

有的放矢，制定符合实际需求的董事会多元化政策

满足监管机构、投资机构等对董事会多元化要求决不是最终目的，以多元化董事会促进企业可持续发展。企业应该根据自身实际需求，量身定制董事会多元化政策，包括：向现有董事会成员收集额外信息，重新评估现有董事会成员多元化特征和能力；共同商定未来董事会成员应该具备的特征、需

要的技能、经验，确定董事会多元化目标，制定董事会继任、聘任等计划，加速落实董事会多元化政策，并向投资者、客户等利益相关方进行披露。

扩大董事会人才池，创造提前了解候选人的机会

董事会应该打破狭隘的标准，而不是通过熟悉的招聘方式去选择特征相似的董事会成员。在满足担任董事基本业务能力的前提下，从性别、年龄、种族、专业背景等维度，扩大董事会候选人池子。可以为潜在候选人提供在委员会任职等机会，在其被提名进入董事会前就了解他们，有助于聘用更合适的多元化董事。例如，《金融时报》试行名为"下一代董事会"的全球多元化团队，他们经过严格的头脑风暴后，与高层领导进行"一对一"配对，最大限度地为公司战略提供新的视角、开发新的理念，也为董事会吸引更多人才。

不可否认，建立多元化董事会并非易事，有效发挥其作用也非易事。但对企业来说，多元化董事会已经越来越重要了。是时候迈开董事会多元化步伐，以 ESG 前瞻性视角，让董事会迸发思想的火花，逐渐提升企业 ESG 治理水平。

透视企业对待 ESG 的态度与决心

金蜜蜂观察到，企业在进行 ESG 信息披露时，会出现"言过于实"的情况，披露 ESG 信息的"言"超过其实际开展的 ESG 治理和管理行为的"实"。越来越多的优秀企业以实际行动表明公司对待 ESG 问题的态度与决心——在高管绩效中纳入 ESG 因素考量。

⊪ 建立高管绩效与 ESG 表现的关联性

由表 8-2 可知，建立高管绩效与 ESG 表现的关联，实质上反映的是企业在公司发展过程中如何看待除股东以外的环境、社会领域的利益相关方的问题。国内外众多学者对公司管理者的业绩评价进行了深入的研究。美国学者史蒂文·F.沃克、杰弗里·E.马尔的研究表明，基于利益相关者治理的企业长期绩效要好于单纯股东至上治理的企业，基于利益相关者的企业治理模式成为越来越多企业的首要选择。

表 8-2　股东至上理论与利益相关者理论对比

对比维度	股东至上理论	利益相关者理论
企业使命价值	股东价值最大化	利益相关者价值最大化
责任对象	对股东负责	对股东、顾客、员工等利益相关者负责
管理决策中的优先考虑	股东利益	利益相关者的需求
管理的关键	控制	协调利益与冲突
管理者补偿	结合经济价值创造	结合经济价值创造及利益相关者满意度
管理者业绩评价手段	股东价值：经济增加值、净资产回报、股东总收益等	社会责任与社会绩效

续表

对比维度	股东至上理论	利益相关者理论
剩余风险承担者和企业剩余控制权的主张者	股东	利益相关者
企业治理模式	经营者是股东的代理人,股东参与治理	经营者是所有利益相关者的代理人,利益相关者共同治理

ESG 投资已成趋势,越来越多的上市公司不得不开始重视在企业管理中考虑 ESG 因素。MSCI、富时罗素等评级机构也在 ESG 评级中将"是否与高管绩效相关""是否有董事会层面的监管"作为企业评级议题的指标之一。由图 8-5 可知,在某上市公司的 MSCI ESG 评级中,某一环境议题中的指标之一即为"环境表现是否为高管绩效的考量因素",行业最佳实践为"环境绩效变差会导致高管薪酬下降"。而在标普的 CSA 问卷中,则把"该指标或目标是否用于决定执行委员会成员的薪酬"作为每一实质性议题的评估指标之一。

评分指标	公司实践	最佳实践	实践评分
活动			
减少核心业务中有毒物质排放和废弃物的计划和战略	设定计划减少选定业务中的有毒物质排放和废物	设定计划减少所有业务中减少有毒物质排放和浪费的计划	— LOW MID TOP
负责公司环境管理策略和绩效的执行机构	高管委员会	高管委员会	— LOW MID TOP
环境绩效设为高管薪酬的影响因素	环境绩效下降而导致的补偿减少	环境绩效下降而导致的补偿减少	— LOW MID TOP

图 8-5　某上市公司 MSCI ESG 评级中的高管绩效相关指标

若有高管薪酬为 ESG 的推进"保驾护航",确保管理层从 ESG 角度以更有利于公司长期发展和价值提升的视角行事,也就顺理成章地将 ESG 风险真正上升为公司的风险管控,而非仅停留在信息披露、企业宣传等层面,那么企业就真正构建了 ESG 事务落地的问责制度。当然,也有企业将 ESG 表现作为高管薪酬的激励。例如,苹果在 2021 年的高管薪酬中新增一个指标以衡量他们 ESG 方面的表现，即在其现金激励计划中增加"ESG 奖金调整"指标，这可能将使公司总奖金支出增加 10%。也就是说，实现 ESG 目标可以让高管额外领取 10% 的奖金，而达不到目标可能会让他们损失这部分奖金。

将高管绩效与 ESG 表现相联系，最重要的意义在于表明 ESG 成为公司的战略性思考议题，也是让投资者等利益相关方信服企业言论与行动一致性的最佳做法。[①] 如果公司如此重视 ESG 问题，那么高管就一定会将注意力转移到这些问题上来。因此，这一做法在企业内部体现的是 ESG 事务的"实质"落地，能够提高 ESG 风险管控能力，对外则是企业体现推进可持续发展的态度和决心，能够增强 ESG 投资者信心。

⁂ 这一实践成为越来越多优秀企业的普遍选择

让人欣喜的是越来越多的企业成为将高管绩效与 ESG 表现相联系的实践者。据美世咨询公司（Mercer）分析，标普 500 成分股里面有 15% 制定了与 ESG 相关的高管激励计划。在 Willis Towers Watson 最近的一项全球调查中，超过 3/4 的董事会成员和高管表示支持 ESG 绩效是财务绩效的关键因素，且有 4/5 的公司计划在未来 3 年改变高管薪酬计划中的 ESG 措施。普华永道（PwC）于 2021 年 7 月发布的一份报告也显示，在富时 100 指数（FTSE 100）成分股公司中，近一半的公司为 CEO 设定了可衡量的 ESG 目标，并已开始在高管薪酬方案中引入 ESG 目标。

随着全球开启共同应对气候变化的新征程，敢于实践的公司已将碳减排目标与高管绩效相联系。2020 年 8 月，针对企业如何应对气候与脱碳，Eversheds Sutherland 和 KPMG IMPACT 对来自 509 家世界领先公司的董事和高管进行了一次在线调查，78% 的受访高管表示，管理与气候相关的风险很可能或极有可能是他们在未来 5 年保住工作的一个重要因素。这一结果传

---

① 来源于普华永道 *Linking Executive Pay to ESG Goals*。

递出的总体信息是，在世界大部分地区，气候正成为一个员工和人力资源问题。在某些情况下，这种意识甚至产生了一种自下而上的效应，员工向管理层施加压力，以提高公司在气候方面的表现。为了推动内部改革，一些公司正在对董事实施薪酬激励，以实现脱碳目标。当前已有 34% 的受访者公司开始提供这样的奖励，这一趋势可能会在未来几年加速，如表 8-3 所示。

表 8-3 部分实践企业示例

公司名称	具体做法
BP	在高管绩效中设置安全与环境指标，权重分别为 20%、10%
壳牌	高管薪酬中的 20% 都与社会和环境目标相关，包括气候期望目标的实现
麦当劳	在其高管奖金中考虑多元化目标，即到 2030 年实现领导层的性别均等
西门子	基于公司 ESG/ 可持续发展指数设置 20% 的股票奖励，主要围绕 3 个关键绩效指标，包括二氧化碳排放量
星巴克	将高管薪酬与包容性和多元化联系起来

⁂ 常见的安全、环保考核就是将 ESG 因素纳入高管绩效考量吗

在中国公司中最常见的与 ESG 相关的高管绩效考核内容是安全考核、环保考核。例如，国务院国资委于 2019 年 3 月发布的《中央企业负责人经营业绩考核办法》第三章第二十条，明确提出"对节能环保重点类和关注类企业，加强反映企业行业特点的综合性能耗、主要污染物排放等指标的考核"。2017 年 8 月四川省政府发布的《四川省省属国有企业领导班子和领导人员综合考核评价暂行办法》规定领导班子年度综合考核评价结果分为优秀、良好、一般、较差 4 个等次，领导人员年度综合考核评价结果分为优秀、称职、基本称职、不称职 4 个等次。企业发生环境保护、安全生产等重大责任事故和严重影响社会稳定事件的，领导班子和相关领导人员年度综合考核评价不能评定为优秀。

那么安全、环保绩效考核与 ESG 角度考虑高管绩效有什么区别？从 ESG 议题角度而言，安全、环保都属于 ESG 议题。且进行安全、环保绩效考核的公司，其业务往往在安全、环境方面具有高风险。而二者区别在于，安全、环保绩效考核通常是"向后看"的，评估的是已实现、已发生的工作成果或后果，更多是一种"问责"。而 ESG 纳入高管绩效，反映的是公司管理者如何看待 ESG 在公司未来发展中的影响，如前文案例中提及的将应对气候变化目标、多元化目标纳入高管绩效考量。因此，"向前看"的属性更多的是向投资者传递积极的信号，增强投资者对公司可持续发展的信心。

⚑ 在高管薪酬中纳入 ESG 因素并非易事

将 ESG 指标与高管薪酬相联系是推动公司内部 ESG 变革的有效方式，但同时也是较为敏感的一种工具，所以应该更加谨慎地对待。董事会可以制定反映公司 ESG 实质性议题的指标，并在其与薪酬相联系之前进行试用，以明确可能存在的非预期的结果。

瑞士金融研究公司 Obermatt 的首席执行官 Hermann J Stern 博士在其《更好的 ESG 奖励计划》（*Better Bonus Plans for ESG*）文章中，提出了 4 种有关高管绩效中纳入 ESG 激励的衡量方法。

● ESG 目标：公司设定的活动、项目和 ESG 成果的具体目标。
● 相对 ESG 绩效：在关键 ESG 指标上相对于同行的表现。
● ESG 评级机构：公开评估公司 ESG 表现的机构。
● ESG 绩效评估：依据公司内外部的客观和主观事实，通过专家意见进行的内部或独立绩效评估。

一般情况下，一家公司的 ESG 表现无法用一个或若干个指标完全来体现，公司 ESG 实践结果也可能不会短期内出现在财务结果中。因此，在选择纳入高管绩效的 ESG 因素中，必须选择那些与公司业务有强实质性关系的 ESG 指标，即公司的核心 ESG 风险或机遇。如前文所提及的英国石油公司（BP），作为一家石油公司，显而易见安全和环境是最为高实质性的 ESG 议题；再如英国快时尚电商 Boohoo，从 2022 年开始将有 15% 的高管奖金与 ESG 目标挂钩，原因是在供应链独立审查中 Boohoo 被指控从时薪 3.5 英镑的英国工厂中采购产品，而这一薪酬水平还不到最低法定标准的一半，为此 Boohoo 遭受众多 NGO 的强烈抨击，并失去了部分业务和客户。因此，对作为电商平台的 Boohoo 而言，供应链的 ESG 风险管理就尤为重要。

除此以外，还有企业的 ESG 表现如何衡量的问题。公司的 ESG 实践可能给公司发展带来长期的良好影响，在高管绩效的年度考核中，就需判断或平衡短期效果与长期影响的关系。同时，相较于投资者关注的高管薪酬结构、数量、与业绩关系等问题，ESG 指标的"非财务"特征明显。就如同企业履行社会责任的成果不易衡量一样，如何把部分定性的 ESG 表现"量化"为可明确进行评价的指标，也是需深入思考的问题。

投资者开始问询企业的 ESG 表现是否与高管绩效相关，评级机构将 ESG 是否与高管绩效相关作为某一 ESG 指标的最佳实践，越来越多的企业践行这一实践。企业要向利益相关方表明对待 ESG 问题的态度与决心，不在 ESG 信息披露的"言"，而在于公司的最高管理者是否深入地了解此事，并为此负责。

党建引领，不可忽视的 ESG 治理推动力

在 ESG——环境（E）、社会（S）、公司治理（G）三重因素中，公司治理（G）越发受到社会各方关注和重视。企业深入推进 ESG 管理的关键要素毫无疑问是治理，治理水平的高低决定了企业推进 ESG 管理的广度和深度。[①]

政策监管角度，对上市公司 ESG 治理提出明确要求。2018 年 9 月，中国证券监督管理委员会发布《上市公司治理准则》修订版。此次修订的重点包括，增加上市公司党建要求，强化上市公司在环境保护、社会责任方面的引领作用；积极借鉴国际经验，推动机构投资者参与公司治理，强化董事会审计委员会作用，确立环境、社会和公司治理（ESG）信息披露的基本框架；回应各方关切，对上市公司治理中面临的控制权稳定、独立董事履职、上市公司董监（董事、监事和高级管理人员）高评价与激励约束机制、强化信息披露等提出新要求。[②]

交易所角度，推动上市公司披露 ESG 治理信息呈现强制化趋势。从全球来看，各交易所在 ESG 治理信息披露方面普遍关注董事会、薪酬结构、公司治理、风险管理、税收透明度、反腐败、商业道德规范和供应商行为准则等内容。其中，各证券交易所在治理方面关注最多的是董事会情况，包括董事会分权、独立性、透明实践、董事成员及对利益相关方的评估等，其次是薪酬结构，风险管理、税收透明度、反腐败、道德规范行为准则、供应商行为准则等指标也被关注。[③]2019 年 12 月 18 日，港交所发布新版的《ESG报告指引》(以下简称《指引》)，再次强调"董事会对发行人的环境、社会及管治策略和汇报承担全部责任。"将董事会参与 ESG 管理的相关条目作为强

---

① 来源于金蜜蜂《ESG 进展观察报告 2020》。
② 来源于《证监会发布修订后的〈上市公司治理准则〉》。
③ 来源于《全球证券交易所力促 ESG 信息披露——基于 SSEI 伙伴交易所 ESG 指引的研究》。

制披露项，也就是说对上市公司 ESG 信息披露更关注披露企业背后的管理与治理。

投资者角度，对企业 ESG 治理议题的关注形成一定共识。随着 ESG 投资成为一种主流的投资理念和投资策略，国际各大知名评级机构推出 ESG 评价评级体系。其中，关于 ESG 治理的评估维度（见表 8-4），虽然不同评价系统各有分类方式和侧重点，但不难发现，"董事会参与""合规与商业道德""风险控制"成为资本市场共同关注的 ESG 治理议题。

表 8-4　国际评级机构对 ESG 治理的关注

评级名称	ESG 治理评价维度
DJSI	企业管治、重大性、风险及危机管理、商业行为准则、政策影响、供应链管理、税务策略
MSCI	公司治理（董事会、薪酬、股权与控制权、会计）、公司行为
ISS	商业道德、合规、董事独立、表决权、利益相关方参与
FTSE	反腐败、企业管理、风险管理、纳税透明度

⇛ ESG 中公司治理（G）的定位与挑战

事实上，在 ESG 理念兴起之前，关于治理的评价体系和框架已经存在。那么，为什么公司治理（G）又被纳入 ESG 框架中？

有研究机构提出，对于 ESG 中公司治理（G）的定位可以形成两方面认识，即"良好的公司治理（G）是实践 ESG 投资理念最为重要的基础性因素""如果说环境（E）和社会（S）因素是 ESG 的价值观和驱动力，那么公司治理（G）就是原则和方法论"。在引入 ESG 理念后，企业能将环境与社会视为利益相关者而辅以科学的治理加以利益协调，这有利于实现环境、社会和企业自身的可持续发展。

而在实践中，对公司治理（G）的实施依然面临挑战。当前全球在 ESG 治理方面较少有共通的指标，主流的 ESG 评价体系中，对于公司治理（G）的评价指标相较于环境（E）和社会（S）来说更为简单，如董事会女性成员占比、独立董事比例、高管薪酬体系、董事长和总经理分权等，这些指标虽然可量化，但在真正体现或代表一个企业的治理情况和水平方面还有局限性。

随着中国资本市场的开放，对于中国企业来说，在深入推进 ESG 理念和管理时，不仅要意识到公司治理（G）因素的基础性作用，而且要结合国情企情，探索出具有中国特色的公司治理（G）方案。

⁜ 企业党建——中国的 ESG 治理特色

有研究机构统计显示，在我国的上市企业中，ESG 前 200 强国企数量占比达 65%。对于国有企业来说，坚持党的领导、加强党的建设，是国有企业的光荣传统，是国有企业的"根"和"魂"，是国有企业的独特优势。

中国证监会在《上市公司治理准则》（2018 年修订）中提出，国有控股上市公司根据《公司法》和有关规定，结合企业股权结构、经营管理等实际，把党建工作有关要求写入公司党章。[①]

深圳证券交易所则规定国有上市企业以开展公司治理专项行动为契机，深化与国务院国资委、地方国资监管部门的协作，推进党建入章全覆盖，切实提高国有上市公司治理水平；支持和引导国有股东持股比例高于 50% 的国有控股公司引入持股 5% 及以上的战略投资者作为积极股东参与公司治理。

企业党建和 ESG 治理都是为了企业健康可持续发展

根据《党章》第 32 条的规定，企业党组织作为中国共产党的基层组织，其任务是贯彻和落实国家的基本路线、方针、政策，支持董事会、股东会、监事会依法行使相应的职权，引导企业自觉遵守国家法律法规，维护企业各方利益，促进企业的健康发展。

根据 2021 年 6 月中国证监会发布的《公开发行证券的公司信息披露内容与格式准则第 3 号——半年度报告的内容与格式（2021 年修订）》[②]中公司

---

① 来源于中华人民共和国中央人民政府官网。
② 来源于新浪金融官网。

治理关键 ESG 指标展示，公司治理最重要的目的在于提高公司的综合竞争力，维护企业职工、股东、经营者的合法权益，促进企业可持续发展。

党建是中国特色，ESG 治理是西方"舶来品"，两者在运行方式、机构设置方面有所差异和矛盾，但这些差异和矛盾是非对抗性的，只要协调好两者关系，将产生"1+1>2"的积极作用，推动公司发展目标的顺利实现。

企业党建有助于培育负责任的价值观和企业文化

在传统的公司治理模式下，董事会、经理层为了在位期间的 KPI，在股东利益最大化的思想指导下，倾向于做出最有利于股东、创造经济效益最大的决策，而忽视外部影响与长期可持续发展目标。

党组织在公司治理结构中具有无可替代的思想优势。党的宗旨是全心全意为人民服务，这里的人民是指最广大人民群众，也就是各类利益相关方。党组织作为一种正式组织制度嵌入公司治理体系后，会积极地响应党和国家方针政策，增强企业道德合法性，兼顾不同群体的关注与诉求、兼顾短期盈利与长期发展，有助于建立起高管团队共同遵循的价值体系与伦理规范，重塑企业商业伦理、培育企业家精神，引导做出符合最广大人民群众利益的经营决策。

企业党建有助于形成自上而下有效的责任治理机制

加强党的建设，有助于推动企业的董事会、高级管理层在社会责任影响评估、社会责任方针或措施制定、社会责任目标和措施的持续执行、社会责任纳入业务决策流程等工作中发挥参与、指导或者监督的作用。

以国有企业党的建设为例，国企党建工作要求"管大局"，即加强集体领导，推进企业全面履行经济责任、政治责任、社会责任，明确党组织在决策、执行、监督各环节的权责和工作方式，使党组织的作用发挥组织化、制度化和具体化。

在决策程序上，通过"双向进入、交叉任职"，把党的领导融入公司治理各个环节，就董事会而言，意味着公司的重大决策需要经过党委会讨论之后，才能进入董事会决策程序。党组织的政治核心作用，有助于保障董事会各项决策科学性、决策程序合规性和实施的有效性。"双向进入"也使得党的工作与企业决策有机融合在一起，避免"两张皮"现象，使公司法人治理更好地发挥作用，实现企业的健康和可持续发展。

在组织设置上，坚持和落实党的建设和国有企业改革同步谋划、党组织及工作机构同步设置、党组织负责人及党务工作人员同步配备，为企业构建从上至下的责任竞争力提供了坚强的组织保障。

企业党建有助于提升风险防范与管控能力

利益相关方参与对于完善 ESG 治理起到了重要推动作用。

党的建设强调"从群众中来，到群众中去"的工作方法，为落实利益相关方参与 ESG 治理提供了本土化的成熟的方法保障。

"从群众中来"即从群众中调研实情，发现问题，倾听呼声，然后把群众分散的意见集中起来，从而制定正确决策。在 ESG 治理中，引入"从群众中来"的工作方法，将有效推动企业充分识别利益相关方及其利益诉求和期望，以此确定企业履责来源和目标。

"到群众中去"即把党的正确主张变成群众的自觉行动，是指到群众中去落实、执行和实现决策，同时靠群众评估、监督，要在群众行动中检验这些意见与决策是否正确。将党建融入 ESG 治理，能更有效地推动企业依据利益相关方的评价与反馈制定决策，从而形成管理循环，提升合规经营和风险管理能力，塑造核心竞争力。

中国立足国情和发展阶段，在 ESG 治理方面开展了多方探索，尤其体现在国有企业改革发展和国企治理上。虽然党建在融入公司治理中仍然面临诸多挑战，但不可否认的是，经过改革开放以来的持续实践，以党的领导和党的建设为特色的中国现代企业制度为全球 ESG 治理提供了借鉴和活力。

第九章

ESG 管理技巧

ESG 指标，快速推动 ESG 管理落地的突破口

若要建成较为系统的 ESG 治理与管理体系，企业往往需投入数年甚至更长的时间。而近在眼前的问题是，面对已迫在眉睫的各种强制或半强制信息披露监管要求，如何能够在短期内快速推动 ESG 工作有效落地。金蜜蜂在众多企业 ESG 管理实践研究的基础上，提出企业 ESG 指标体系构建的一般逻辑，能够让企业在 ESG 工作中找到快速推进的突破口，为后续构建 ESG 治理与管理体系奠定扎实的基础。

企业在推进 ESG 管理和信息披露时常面临两大挑战

在金蜜蜂进行的一项有关企业 ESG 管理和信息披露的调查中，多数企业表达了在 ESG 工作中面临的问题（见表 9-1）。这些问题可大致分为专业理解和工作推进两大类。

表 9-1　企业在 ESG 管理和信息披露中的挑战调研结果

	挑战	占比（多选）
专业理解	ESG 信息的内容范围不明确	60%
	"不遵守就解释"原则难应用	44%
	统计口径和计算标准难确定	64%
工作推进	各部门提交 ESG 信息的协同效率低	64%
	岗位人员流动造成往年数据不可追溯	36%
	业务板块/下属公司/事业部多，要求难下达、信息难收全	40%
	领导不希望披露因公死亡等"负面"信息	40%
	ESG 评级结果与企业实际情况存在信息不对称问题	32%

以上两类问题的存在，往往具有"相辅相成"的关系。企业的 ESG 实施部门（即 ESG 指标的实际管理部门，如安全指标一般由安监部门管理）无法准确、全面理解交易所和评级机构的指标管理和披露要求，而造成数据统计滞后或计算不规范情况存在，也就无法及时提供符合要求的数据信息。而企业的 ESG 管理部门（即 ESG 信息披露责任部门），往往也存在因未建立成熟的沟通和信息流转机制，而造成重复沟通、要求下达困难等问题。

▦ 企业落实 ESG 管理与信息披露要求的时间窗口很短

港交所于 2019 年公布了新版《环境、社会及管治报告指引》（以下简称港交所新版 ESG 指引），相较于 2015 年版的 ESG 指引在内容范围和强制性披露要求上都做了强力升级。新的披露规则已于 2020 年 7 月 1 日实施，要求上市公司在财年结束后 5 个月内进行披露。这也意味着，以自然年为财年的港股上市公司需在 2022 年 5 月前按照港交所新版 ESG 指引披露 ESG 报告。而金蜜蜂也收到许多港股上市公司反馈，称在不到 2 年的时间内完全落实好港交所新版 ESG 指引要求存在较大难度。

除此以外，包括上交所、深交所、各海外交易所以及证监会在内的监管机构，也陆续出台 ESG 政策和指引，加之国内外 ESG 评级机构的推波助澜，企业必须在较短时间内"又快又好"地对多利益相关方的管理和信息披露要求做出回应。

▦ 利益相关方倾向于指标化的 ESG 信息

ESG 投资理念的深入实践对企业 ESG 指标体系的构建提出了现实的要求。可以看到，包括港交所新版 ESG 指引、SASB 等 ESG 相关指引、准则都采用了"指标"的表达方式，且港交所还出具了《社会关键绩效指标汇报指引》《环境关键绩效指标汇报指引》等附录文件，对指标的内涵解释、统计与计算、汇报方法等进行详细补充解释。MSCI、富时罗素、CDP 等第三方评级机构也都在其评级中采取"指标化"的表达方式。

　　企业 ESG 信息的一个重要作用是可用于"比较"，纵向可实现企业自身的多年可比，横向可在行业中进行对标比较，从而能让投资者在投资决策中做出明智的决定。而 ESG 的指标化，可以促进企业 ESG 管理绩效的"量化"，以便于进行规范、专业的统计和计算，同时满足内部绩效管理和外部利益相关方的信息需求。

⁂ 一般企业都具备良好的指标管理基础

　　ESG 是一项相对较新的管理事项。企业限于人力资源、专业理解、管理基础等各种原因，快速建立起系统性的 ESG 管理体系并非易事。指标管理于企业而言并不陌生。推动 ESG 的指标化管理，不仅仅在于指标本身具有的各种功能和优点，更在于这是一种企业管理中常见的、熟悉的方式，一般企业都具备指标管理的良好基础。因此，ESG 指标体系可谓是在短期内落实 ESG 管理和信息披露要求的最有效方式。ESG 指标体系的功能如表 9-2 所示。

表 9-2　ESG 指标体系的功能

反映功能	反映企业 ESG 管理的过程与结果
监测功能	监测企业 ESG 政策的实施绩效
比较功能	实现企业 ESG 绩效的自身纵向多年比较、横向同业比较
评价功能	评级企业 ESG 管理绩效，并找出短板明确改进重点
预测功能	通过历年 ESG 绩效对未来 ESG 议题发展做出预测和展望
计划功能	根据预测结果对未来 ESG 安排和政策做出工作计划

⁂ ESG 指标体系的内容与构建原则

　　一般来说，ESG 指标体系可以包括以下两个主要内容模块。一是 ESG 指标的内容，即对每个 ESG 指标进行解读，包括来源说明和内涵释义、管

理与披露要求和现状、统计口径与计算方法、指标价值与典型案例等。二是
ESG 指标体系的运行机制，即明确 ESG 指标体系的必要性、每一指标的责
任部门、年度信息报送要求等。

构建 ESG 指标体系，要解决的是企业的实际操作问题，因此也必须掌
握如下几个原则。

科学性

ESG 指标体系既能反映企业 ESG 管理的本质内涵，又要回应交易所、
评级机构等外部利益相关方的关注重点。因此，所选取指标必须概念清晰、
含义明确、统计方法规范、测算方法标准。

实操性

在构建 ESG 指标体系时，要充分考虑指标在实践中便于理解与操作、
方便统计与计算。也就是说，要对 ESG 指标进行"操作化"，既符合外部
ESG 指引、政策要求，又方便企业内部的执行部门实际操作与执行。

重要性

构建 ESG 指标体系应能反映企业在 ESG 管理中所重视重要议题，是企
业长期可持续发展的关键内容，而非面面俱到或易于获取的 ESG 指标。

⁂ 从外部共通性到企业内部可操作性的"翻译"是解决 ESG 专业理解问题的重要一步

对企业而言，交易所、评级机构等 ESG 指标具有"共同性"，但每个企
业都有其行业和企业自身的特殊性。因此，要建立适用于本公司的 ESG 指
标体系，最重要的工作即是如何将外部 ESG 关注议题分析整合为内部 ESG
指标体系，且必须具有较高的可操作性和专业指导性。

在这一"翻译"过程中，金蜜蜂观察到，"统计口径和计算标准难确定"

是企业面临的高频问题。以此问题为例，金蜜蜂在为某 A、H 股上市公司构建 ESG 指标体系时，在"二氧化碳排放"这一指标中，直接列出计算公式，并选择适用于该企业生产排放计算的二氧化碳排放折算系数（见表 9-3、表 9-4 和表 9-5）。据此，这一指标的实施部门仅需从日常台账中统计不同能源种类的消耗量，即可快速完成二氧化碳排放量和密度的计算。

表 9-3　某上市企业 ESG 指标体系"二氧化碳排放"指标披露、计算方法及披露现状部分示例

HKEX-ESG 指标名称	单位	计算方式	强制性	披露现状
二氧化碳（CO_2）排放量	吨	汽油 二氧化碳（CO_2）排放量（吨）= 汽油消耗量（千克）× 汽油平均低位发热量（千焦/千克）× 汽油单位热值含碳量（吨碳/万亿焦耳）× 汽油碳氧化率 × 二氧化碳折算系数（44/12）× 0.000000001	不遵守就解释	完全满足
		柴油 二氧化碳（CO_2）排放量（吨）= 柴油消耗量（千克）× 柴油平均低位发热量（千焦/千克）× 柴油单位热值含碳量（吨碳/万亿焦耳）× 柴油碳氧化率 × 二氧化碳折算系数（44/12）× 0.000000001	不遵守就解释	
		天然气 二氧化碳（CO_2）排放量（吨）= 天然气消耗量（立方米）× 天然气平均低位发热量（千焦/立方米）× 天然气单位热值含碳量（吨碳/万亿焦耳）× 天然气碳氧化率 × 二氧化碳折算系数（44/12）× 0.000000001	不遵守就解释	
		电力 二氧化碳（CO_2）排放量（吨）= 电力消耗量（千瓦时）× 电力二氧化碳排放系数（千克/千瓦时）/1000	不遵守就解释	
二氧化碳（CO_2）排放密度	吨/万元产值	二氧化碳（CO_2）排放密度（吨/万元产值）= 二氧化碳（CO_2）排放量（吨）/万元产值	不遵守就解释	完全满足

表 9-4　直接能源（范围 1）排放系数

排放来源		排放系数			系数来源
		平均低位 发热量	单位热值 含碳量	碳氧 化率	
直接能源（范围1）	汽油	43070（千焦 / 千克）	18.90（吨碳 / 万亿焦耳）	0.98	平均低位发热量系数来源：《综合 能耗计算通则》(GB/T 2589–2008) 单位热值含碳量、碳氧化率系数来 源：《省级温室气体清单编制指南》 （发改办气候〔2011〕1041 号）
	柴油	42652（千焦 / 千克）	20.20（吨碳 / 万亿焦耳）	0.98	
	天然气	35544（千焦 / 立方米）	15.32（吨碳 / 万亿焦耳）	0.99	

表 9-5　间接能源（范围 2）排放系数

排放来源	电网名称	覆盖省、市、自治区	二氧化碳碳 排放系数	系数来源
间接能源（范围2）	东北地区	辽宁省、吉林省、黑龙江 省、内蒙古自治区东部地区	1.096（千 克 / 千瓦时）	《省级温室气体清 单编制指南》（发 改办气候〔2011〕 1041 号）
	华东地区	上海市、浙江省、安徽省、 福建省	0.928（千 克 / 千瓦时）	
	南方区域	广东省、广西壮族自治区、 云南省、贵州省	0.714（千 克 / 千瓦时）	

　　通过这一指标操作化过程，一方面，外部交易所、评级机构的要求都被
"内部化"为具体工作要求，各实施部门可清楚地理解指标的内涵、范围、
管理与披露要求等，即使在部门人员调动的情况下，也能避免出现理解不
清、不全的情况；另一方面，ESG 数据指标的统计、计算都较为复杂，存在
国际、国家、地方政府、行业等多种计算标准，因此，选择适用于企业的折
算系数、统一的统计口径和计算方法尤为重要，也可实现纵向多年可追溯、
横向行业可比，保证 ESG 信息披露的专业性、科学性。

⊯ 高效的信息传递机制是 ESG 信息披露的基础

　　无论一个企业的 ESG 管理如何成熟与成功，若 ESG 绩效信息和数据无

法高效顺利向外进行披露，那么投资者便无从知晓企业的 ESG 管理成果。金蜜蜂从大量企业实践研究中发现，企业的实际 ESG 绩效与外部 ESG 评级之间，往往存在信息不对称的问题。

存在这一问题，主要有两个方面的原因。一方面，企业本身就具有完善的环境、安全等管理体系，但与 ESG 处于不同的话语体系，因此无法将信息以符合 ESG 信息披露的要求进行披露，这一问题可通过前文所述的 ESG 指标内部操作化来解决，此处不再赘述；另一方面，企业内部未建立高效通畅的 ESG 信息传递机制，因此 ESG 信息的报送流转常存在责任部门不清晰、信息滞后等问题。

高效的信息流转机制是 ESG 指标的重要组成内容之一。在前文所属指标操作化的良好基础上，ESG 指标体系能够明确每一指标的责任部门、管理要求、信息报送要求，使得每一指标的具体管理和披露要求都落到实处。当前，许多企业已尝试采用信息化手段实现 ESG 数据的统计与流转，这又是另一个话题，此处不展开阐述。

由图 9-1 可知，ESG 纵向涉及公司管理到生产、横向关系到职能与业务各个部门，完善系统的 ESG 治理与管理体系固然是企业所希望的目标，但并非易事。ESG 指标体系可快速在纵横向上建立起 ESG 管理与信息披露的基础架构，从而成为企业构建完善 ESG 治理与管理架构的强有力突破口。

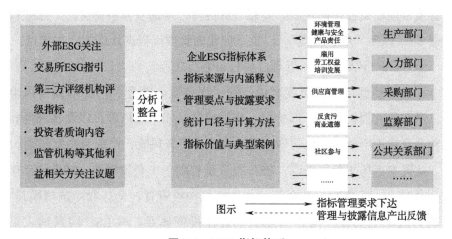

图 9-1 ESG 指标体系

ESG 风险管理蓝图

在 ESG 理念加速推行的当下，许多公司已经开始开展了 ESG 信息披露、ESG 治理架构搭建等工作，为 ESG 发展奠定了良好基础。但就其本质而言，ESG 是关于公司非财务风险的把控，各项实践终究会向风险管理靠拢。而由于其复杂特性，这也恰恰是相关工作者感到最为困难的领域。因而，了解并探索对 ESG 风险因素的识别、评估、应对等管理方法，对于公司和工作人员来讲都至关重要。

⊯ 公司 ESG 风险管理：重重压力下的势在必行

ESG 风险有别于传统风险，是宏观、多方面甚至互相关联的，可能从多个方面影响业务，因而更加难以预测和评估，往往需要在更长的时间框架内得以体现。同时，传统风险评估通常以历史数据和过往表现为基础，但衡量 ESG 风险所需的既往信息大多难以获取，尤其对于环境和社会相关因素，风险程度可能超出公司的控制，如想有效应对，则需多方协调努力。这些特征使得 ESG 风险"难以捉摸"，以致系统化的管理流程设计成为一大难点。

但对 ESG 风险的全面管理已呈现出必行之势。

从公司稳健运营的角度来说，除了源自核心业务及产品的固有风险以外，潜在严重损害公司无形价值、声誉或经营能力的风险，以及被利益相关方和公众讨论所放大的公司现有做法造成的声誉风险，已成为高发问题。

从资本市场的角度来说，ESG 投资虽曾限于小众投资者，如今却已扩展到公募基金、私募股权基金等一众主流机构投资者，全球和中国规模最大、影响力最广的投资机构纷纷建立负责任投资体系，将 ESG 因素纳入投资流程。

同时，监管机构的关注更是大力推动了 ESG 理念的落实。仅至 2018 年，全球就有 63 个国家设定了一千余项 ESG 信息披露要求，其中 80% 为强制性规范。在中国，沪、深、港三大交易所也在快速完善 ESG 监管政策体系。

重重压力之下，公司应当何去何从？美国反虚假财务报告委员会下属的发起人委员会（COSO）与世界可持续发展工商理事会（WBCSD）合作制定的操作指南不失为一项实用工具。它以国内外最广为接受的 COSO 企业风险管理框架为蓝本，从治理和文化、策略与目标、风险表现、审查和修订、沟通与报告五大环节入手，帮助公司将 ESG 因素纳入主流风险管理流程，以期实现增强韧性、改善资源配置、实现规模效益等目标。

⁂ 治理与文化：以稳健的 ESG 顶层设计引领公司发展

将 ESG 风险纳入治理结构、系统和流程，对于应对公司的风险管理相关挑战至关重要。港交所将 ESG 治理机制与合规文化作为监管重点之一，也充分体现了它的核心地位。但完善的 ESG 治理建设远超专项委员会等常规实践，有着更加丰富的行动选项。

公司可以从以下 6 个层面切入。

第一，关注对 ESG 的监管和治理。南非董事学会发布的《公司治理国王报告》被誉为"公司治理最佳国际惯例的有效总结"，在 2016 年的第四版更新中，报告加入了对不平等、气候变化、科技进步等 ESG 议题的探讨，其中一些建议也可被用于 ESG 治理工作，包括以下几点。

- 设立社会与道德委员会，作为董事会的指定委员会。
- 强调利益相关方在治理过程中的关键作用。
- 董事会考虑利益相关方的合法和合理需要、利益和期望，并认识到他们对董事会和公司的行为及披露负有责任。
- 高度关注机遇管理和风险管理，让风险管理委员会识别与特定风险相关的机遇。
- 要求董事会特别关注战略规划过程中的机遇。

第二，明确 ESG 风险管理的权责。许多公司将 ESG 事宜交由企业社会责任或可持续发展部门处理，而非融入企业风险管理体系中。事实上，公司对这些风险的应对思路应该与管理其他业务风险的责任相一致。即使 ESG 问题由一个独立的职能部门负责，也需将 ESG 因素融入企业风险管理结构和流程中，这对支持公司及董事履职至关重要。

在这一过程中，公司应识别必尽、应尽及愿尽责任，充分考虑以下 6 个问题。

- 公司是否曾因 ESG 相关事件而出现财务、运营或声誉危机。
- 明确 ESG 相关的法规、要求或义务。
- 核查公司是否存在未遵守相关法规、要求或义务的风险。
- 相关法规、要求或义务是如何传达给领导并融入运营的。
- 对于使命、愿景、核心价值观或长期战略，公司应明确考虑与 ESG 相关的风险。
- 公司就 ESG 问题做出的政策、声明或自愿承诺。

第三，将 ESG 意识融入组织文化。文化是对风险的态度、行为和理解，影响管理层和人员的决策，反映组织的使命、愿景和核心价值观。随着组织的成长和目标的实现，这些要素能够持续提供洞察力、动力和前进方向。因此，将 ESG 要素嵌入任务、愿景和核心价值观中，有助于培养具备 ESG 意识的行为和决策文化。

在加强 ESG 文化建设方面，公司同样需要考虑以下 6 个问题。

- 公司的使命、愿景和核心价值观是否解决了 ESG 风险。
- 领导人的语气和态度是否传达了对 ESG 的期望，管理层是否执行了公司的使命、愿景、核心价值观和战略。
- 公司是否聘用了合适的人才，遴选过程是否与构建反映其业务需求的包容性和有才能的员工队伍相匹配。
- 公司是否将薪酬和晋升决策与提高关键 ESG 问题绩效的指标挂钩。

- 公司是否授权员工及团队通过考虑反映当地知识的 ESG 信息进行决策。
- 公司文化是否促进了与优先事项一致的员工行为。

第四，加强董事会层面的 ESG 监管。这与港交所的 ESG 监管要求相符合，但还能更进一步，可以考虑以下几点。

- 董事会是否意识到可能影响公司战略和目标实现的 ESG 风险。
- 公司内部是否建立了汇报路径，确保与 ESG 相关的重大风险能够顺利提请董事会注意。
- 董事会是否能够获得评估 ESG 趋势风险所需的信息。
- 董事会是否具备理解 ESG 问题影响的相关能力。
- 是否有专门针对 ESG 相关风险的小组委员会。
- 董事会是否定期确认与 ESG 相关的重大风险和用于实体控制和管理的资源。
- 董事会章程是否包含 ESG 风险的治理。
- 董事会是否定期收到关于 ESG 风险的报告。
- 了解董事会成员对企业风险管理和 ESG 的期望。

第五，明确管理层面的 ESG 事宜。需要考虑以下几点。

- 是否明确界定并实施对企业风险管理流程的监督。
- 风险和可持续性是否具有操作和战略集成流程。
- 是否共同开发和监控持续的过程改进。
- 企业风险管理流程是否将 ESG 与风险管理联系起来。
- 是否就利益相关方的利益在企业保持长期发展的至关重要性方面达成一致。
- 是否将企业风险管理嵌入关键业务流程、报告和度量中。
- 竞争对手和同行如何识别、管理和披露与 ESG 相关的风险。
- 管理者是否接受过 ESG 方面的培训。

第六，公司也需通过协作与整合，增强对新兴、非传统风险的适应力及韧性。一些大型公司已经意识到保护声誉和降低风险需要更加协调和综合的应对措施，逐渐将风险和合规部门与管理 ESG 问题的部门相整合，并在必要情况下借助外部专业知识。这种做法值得我们借鉴。

如果公司能够对以上六大方面进行深入分析，那么就能够借由 ESG 治理这一"顶层设计"为稳健发展和应对竞争抢夺先机，也可以为 ESG 风险管理的全面开展打下坚实基础。

⊪ 策略与目标：看清全局才可准确识别 ESG 风险

深刻理解公司的价值创造和业务模式，对于包括 ESG 风险在内的企业风险管理至关重要。在识别、评估和管理 ESG 风险时，公司应全面了解内外部环境对策略、目标和绩效的影响，这是精准洞察 ESG 风险的必要前提。

传统的公司"价值"主要由有形资产的金融和经济因素衡量，但这一情况已经发生了颠覆性的改变。1975—2015 年，无形资产在标普 500 指数公司价值中所占比重已经从 17% 上升至 84%，"价值"的概念也扩大至各利益相关方的共同价值——这正与 ESG 理念相互印证。

公司可以参考国际综合报告委员会所制定的"十大主题"，认识并考虑更广泛社会群体的综合价值。这些主题包括以下几点。

- 价值创造发生在一个环境中。
- 财务价值与评估价值创造相关，但并不充分。
- 价值是由有形资产和无形资产创造的。
- 价值是由个人和公共资源创造的。
- 价值是为组织和他人创造的。
- 价值是由各种因素之间的关联性创造的。
- 价值创造体现在结果中。
- 创新是价值创造的核心。
- 价值观在创造价值的方式和类型中发挥作用。
- 价值创造的衡量标准在不断演变。

当落实到具体业务模型分析实践中时，国际综合报告委员会提出的"综合报告框架"既考虑了价值创造过程，又补充完善了对"资本"的分类和定义，将 ESG 因素纳入其中（见图 9-2 和表 9-6）。公司可以借此增强对自身所处内外部环境的理解，更全面地识别风险。

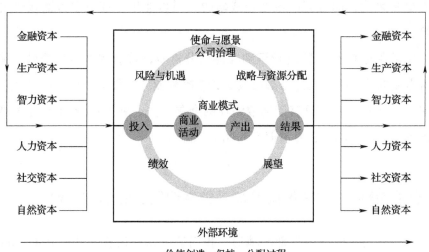

图 9-2　国际综合报告委员会的价值创造过程

表 9-6　综合报告框架定义的六种资本

资本类型	描述
金融资本	传统的绩效尺度，包括通过融资和生产力获得的资本
生产资本	包括物理基础设施和相关技术，如设备、工具
智力资本	组织人员的技能、专业知识及承诺和动机，会对履职能力造成影响
人力资本	与经济活动有关的个人的知识、技能和其他要素
社会资本	社会网络及推进公司内部或公司之间协作的共同准则、价值观
自然资本	可再生和不可再生自然资源的存量，如植物、动物、空气、水等；这些资源可以为人类带来多种利益

此外，宏观分析、SWOT 分析、影响和依赖关系映射、ESG 实质性评估、利息相关方参与等常用的风险管理手段，同样可被用于对 ESG 风险的识别分析。

值得注意的是，风险管理并非追求对风险的完全规避。

董事会和管理层在考虑战略和业务环境时，往往会判断在追求价值的过程中可以被接受的风险类型和数量，并以此为基础为公司设定风险偏好和容忍度。例如，处于成熟期的公司往往倾向于普遍规避风险、在特定战略领域容忍更多风险，而有着积极增长战略的公司可能乐于在更多方面接受更多风险。

公司在对 ESG 风险进行识别和评估分析时，就应注意与自身风险偏好和容忍度保持一致，同时考虑已设定的战略和业务计划。毕竟，ESG 风险并非单独、孤立存在，只有借助战略性的全局眼光，将 ESG 置于整体发展的宏图中，公司才能真正看清前方的风险与机遇。

风险表现：ESG 风险需被系统性识别、评估并应对

看清公司所处的内外部环境后，我们就可以真正着手开展 ESG 风险的识别、评估和应对工作了。

在识别环节，"风险清单"是有效的常用工具。它包括了对每种风险的影响、应对措施和对风险的描述。许多公司把控管理传统风险时就已经设立了风险清单，当 ESG 风险符合公司的常规风险标准时，就可以将其包含在清单中进行管理和监控，如图 9-3 所示。

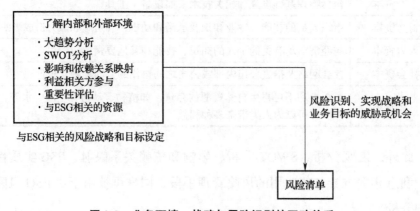

图 9-3　业务环境、战略与风险识别的互动关系

实践中，并非所有通过大趋势分析、ESG 实质性评估等方法所确定的 ESG 问题都应纳入风险清单。工作人员需要进行持续监测和评估，动态判断应将哪些风险提升到实质层面并纳入未来的清单。

在评估环节，公司可以通过考虑风险的影响和作用，明确重要性和优先级，进而借助专家投入、情境分析等资源和工具开展分析和选择，如表 9-7 所示。

表 9-7 外部利益相关方的 ESG 信息沟通

事项	内容
影响和作用： 风险如何影响公司实现其战略和业务目标的能力	• 了解风险优先级的方法：公司采用什么标准来确定风险的优先级，公司是否使用判断性评价或定量评分方法 • 了解重要性度量：用哪些指标表示对业务策略和目标的影响，用哪些指标来测量可能性、发生率、频率，采用定性度量还是定量度量
分析选择： 评估风险严重性程度的适当方法	• 评估方法：哪种评估方法适合于衡量 ESG 风险的严重性（如专家投入、预测和评估、场景分析或 ESG 专用工具），有哪些额外的工具可以被用于支持评估 • 数据、参数和假设：对数据的要求有哪些，有哪些数据可用，应使用哪些参数和假设（如时间、期间、范围）
优先考虑风险	• 根据严重性、业务目标的重要性和公司的风险偏好，对风险进行排序

在应对环节，我们需要再次注意：ESG 风险管理并非追求完全消除 ESG 风险因素，而是在平衡成本收益的原则上，采用多层次的策略，将其控制在预设的风险偏好和容忍度范围内。

当风险处于偏好范围内且恶化可能性较小时，可以选择接受风险。对于零容忍的 ESG 风险，则应进行停止相关业务等避免和消除处理手段。对于可以释放价值的风险，公司应当努力将其转化为机遇，如通过改善动物福利规避声誉风险、提高声誉价值。当风险严重高于偏好时，公司通常制定行动计划、减缓其严重程度，将剩余风险降至容忍度以内。此外，气候问题等 ESG 风险可能过于复杂，公司无法独自应对，那么也可以与行业、供应商、客户等利益相关方共同合作，实现风险分担的目的。

审查和修订：ESG 风险也需动态监管

企业风险管理并非一蹴而就的工作，它需要工作人员密切关注、动态监管，对单项风险与整体流程进行不断审查和修订。

对于 ESG 风险，公司应定期评估重大变化；当内外部环境发生变化时（见表 9-8），管理层需视情况审查并修订风险管理流程。此类审查事项包括以下几点。

● 审查治理和文化。

● 审查战略或业务目标。

● 审查新的不断变化的风险。

● 审查评估方法或假设。

● 审查风险应对措施的有效性。

● 审查沟通和报告的变更。

● 审查活动的时间安排。

● 审查活动的角色和责任。

表 9-8　重大变化举例

内部环境	外部环境
- 战略或目标的变化 - 公司快速发展 - 组织变革 - 兼并和收购 - 革新 - 风险偏好变化	- 新的或待定的法规 - 新兴技术出现 - 利益相关方的期待发生变化 - 更为频繁或极端的气候事件 - 同行采用新的趋势或战略 - 全球宏观趋势改变

新兴技术、组织变革、风险偏好、同行比较、历史问题等都可以成为重新审视 ESG 风险管理效率的机会。例如，ESG 数字化平台能够帮助公司改善 ESG 信息的处理方式，优化工作流程；此前未能有效识别和管理的 ESG 风险可以作为经验教训，帮助公司就 ESG 要素有效地融入风险管理框架进行复盘演练。

⇒ 沟通和披露：ESG 风险管理应主动释放增量价值

在 ESG 风险管理所涉及的各项行动中，发布报告是中国公司当前最为普遍采用的实践方式。2021 年，中国 30% 的上市公司发布了独立的 ESG 或企业社会责任报告。

但是，信息沟通和披露的范围远不止于发布报告。针对内外部利益相关方的不同信息需求，相关工作人员尚有更丰富、更完善的沟通方式可以选择（见表 9-9、表 9-10）。这些方式可以与公司现有沟通渠道互补，形成立体化沟通网络，帮助公司树立责任形象、传递 ESG 工作成效，形成 ESG 风向管理的"增量价值"。

表 9-9　内部利益相关方的 ESG 信息沟通

利益相关方	信息需求举例	沟通方式举例
董事会： 为公司的关键风险提供战略监督	- 内外部业务环境的重大变化，以及公司应对这些变化的方法 - 超出风险偏好或容忍度的风险 - 风险响应的总体有效性	- 董事会会议的预读和演示 - 外部 / 第三方平台，如工业、贸易和专业期刊、媒体报道、同行公司网站、关键的内外部指标等
运营管理层： 监督包含风险响应的日常运营	- 影响战略和风险偏好的内外部环境的重大变化 - 风险或风险状况的重大变化 - 风险响应的状态和有效性	- 撰写内部文件，如简报、绩效评估、演示文稿、问卷调查、政策和程序、常见问题解答等 - 非正式 / 口头沟通，如一对一讨论、会议等
员工： 执行包含风险响应的日常运营	- 风险响应的性质及对角色和职责的影响 - 风险响应活动对公司的重要性	- 培训和研讨会 - 资料和会议 - 电子信息，如电子邮件、社交媒体等 - 公共活动，如竞赛、行业和技术会议等

总体而言，在 ESG 监管压力持续增强、ESG 风险愈加突显的当今，公司的 ESG 风险管理正在从可选项逐步升级为必选项，管理层也需认识到，这是一项需要专业投入、资源支持、长期推进的工作。公司应当尽早加以关

注，积极探索 ESG 风险整合流程，构建适用于自身的 ESG 风险管理蓝图，为长期发展和价值创造织就牢固可靠的"安全网"。

表 9-10　外部利益相关方的 ESG 信息沟通

利益相关方	信息需求举例	沟通方式举例
投资者： 为公司提供资金，并期待获得财务回报	- 公司管理内外部环境重大变化的方法 - 了解公司识别、评估和管理与 ESG 风险的方法	- 年度股东大会 - 年度报告、风险备案 - 综合年报 - 代理
供应商： 向公司提供产品或服务	- 公司对供应商的标准可能涉及道德、诚信、法律标准、合规、健康、安全和环境等领域 - 供应商绩效符合实体的 ESG 标准	- 供应商行为准则 - 报告卡，包括质量、交付、事件报告等 - 管理会议
客户： 购买公司的产品或服务	- 关于产品的制造信息 - 关于产品的使用信息及对客户健康和安全影响的说明	- 负责任的营销实践 - 产品标签 - 特许、认证或授权零售商 - 特别小组
非政府组织和社区： 推动公司对其影响负责	- 公司减少对非政府组织利益负面影响的方法 - 公司造福当地、社会及全球环境的方法	- 年度股东大会 - 综合年报 - 可持续发展 / 企业社会责任 /ESG 报告 - 网站 - 一对一的沟通或会议

ESG 信息披露

超越 ESG 报告的 ESG 信息披露

"当我们关注 ESG 评级的下一个十年时，拥有更多数据将是最简单的部分。困难的部分，也是重要的部分，是知道如何识别和应用最相关的信号，并实现更好的差异化投资目标"，MSCI 在 2019 年全球 ESG 调研报告中对 ESG 信息的应用做出了强调。而根据贝莱德最近的一项调查，超过半数（53%）的全球受访者表示，对"ESG 信息获取和数据素质"的担忧是他们可持续投资的最大障碍。

这也促使企业展开思考，面对市场 ESG 信息的倍数、指数级增长，企业怎样才能更及时、更清晰地披露和传递自身 ESG 信息，以便"相关信号"能够更直接、更有效的被投资者关注和抓取？这成为 ESG 信息披露的又一关键。

⁜ ESG 信息披露不等同于 ESG 报告，报告的信息承载力有限

上市公司要做好 ESG 信息披露，首先需明确，ESG 信息披露现在都有哪些常见形式？

当前，ESG 信息披露以满足监管机构要求为先决，参考监管机构 ESG 规则体系对企业 ESG 信息汇报的指引与建议，是企业的通行选择。例如，2021 年中国证券监督管理委员会（CSRC）修订上市公司年度报告和半年度报告格式准则后，上市公司将以"环境和社会责任"专章的形式在年度报告和半年度报告中披露 ESG 信息；美国证券交易委员会（SEC）也要求上市公司在其年度 10-K 申请和其他定期申报中披露重大 ESG 信息。大多数上市公司在监管备案文件中披露相关 ESG 信息之外，还会将自愿提交的 ESG 报

告或可持续发展报告视为对其监管备案文件的补充 ①。而港交所将报告作为 ESG 信息披露的主要场所，ESG 报告编制成为香港上市公司 ESG 信息披露的首选和必选。

毋庸置疑，企业 ESG 报告是最主流的 ESG 信息披露方式。然而，ESG 报告可以满足所有 ESG 信息披露要求和需求吗？

答案是否定的。以 ESG 报告代替 ESG 信息披露，可能存在以下局限。

一是有效性不足。作为 ESG 信息披露的"主阵地"，上市公司通常在报告中披露多个 ESG 主题，但在主题选择上，自愿性披露通常由企业自身决定披露哪些 ESG 信息，这些决策往往是更加"利己"和"报喜不报忧"的，对一些敏感性 ESG 信息，上市公司通常不予披露，如董事薪酬、女性高管数量、因工死亡人数等。在内容披露上，通常因缺乏细节而降低 ESG 信息对投资者的有用性。例如，企业披露信息最丰富的是定性描述主题，而披露信息最为不足的是定量指标。美国政府问责办公室（U.S. Government Accountability Office，GAO）的一项调查证实了如上观点，在人权、职业健康和安全因素等相对敏感议题上做出翔实披露的公司非常少。对于投资者来说，尽管 ESG 报告内容丰富，但往往缺乏一致、可比和可靠的 ESG 信息，无法就此做出明智的投资决定 ②。

二是时效性不足。大多数企业应该已经意识到，ESG 规范中的"实质性 / 重要性"绝非静态概念，它是动态变化的。例如，在 2020 年新冠肺炎疫情全球大流行的背景下，公共卫生、气候变化等有关社会环境变化的系统性风险受到重视，企业业务连续性、供应链稳定性等相关议题的实质性和关注度都不断提升。通常这些重大 ESG 信息还具有突发性特征，从信息使用者的角度而言，亦需要实时更新的 ESG 信息以支撑市场判断和投资决策。现实的问题是，ESG 报告通常以年度发布为周期，信息传递更新也以"年"为间隔，在"信息灵通的市场"这些信息无疑已成为"明日黄花"，失去了其应

---

① 来源于 U.S. Government Accountability Office 的文章 *Public Companies：Disclosure of Environmental，Social，and Governance Factors and Options to Enhance Them*。

② 来源于文章 *Keeping Pace with Developments Affecting Investors*。

时作用，对使用者而言，ESG 报告显然无法满足其高时效的要求。

三是全面性不足。大多数企业 ESG 报告更倾向于合规披露，即侧重回应监管机构要求披露的议题，而事实上，一些在短期内看起来与投资者无关的 ESG 议题，对整个社会、行业的发展及公司的稳健运营和投资回报都有长远性的关键影响，如碳税、生物多样性管理、可持续性消费等。尽管企业在报告编制中遵循重要性原则，开展了实质性议题分析，但受限于报告篇幅，上述远期才会产生重大影响的议题通常不会被重点披露，而这其中往往包含了被企业所忽略而被敏锐的投资者所关注的 ESG 风险和商业机遇。例如，汇丰银行的调查显示，"千禧一代"（1980 年后出生的人口）和 Z 世代（2000 年前后出生的人口）的年轻消费者更乐意可持续消费，建议"投资者应留意这些发展中的趋势，因为它们表明了可持续消费领域中存在的投资机会"[①]。而恰恰因其短期内的"非实质性"，相关 ESG 议题和更丰富的细节信息鲜少出现在 ESG 报告中。

⊪ 市场更倾向于"多源"ESG 信息，替代性数据更受青睐

出于上述原因，不难发现，以 ESG 评级机构为代表的市场主体正在寻求额外的 ESG 披露，以弥补企业 ESG 报告披露可能存在的不足。

标普 CSA 评估是通过企业自填问卷采集和公开信息抓取的方式，对市场主体的可持续性实践进行年度评估。CSA 还会持续监控来自媒体、政府机构、监管机构、智库和其他来源的公开信息，以识别对公司声誉，财务状况或核心业务有破坏性影响的 ESG 负面事件。

富时罗素（FTSE）ESG 评级信息来源则更为广泛，除了将企业年报和社会责任报告等公司披露作为主要信息来源，还会将问卷调查、媒体报道、数据库、学术期刊、行业出版物、政府出版物、相关者调查及私人研究等多样信息纳入考量。

---

① 来源于汇丰银行文章《新冠肺炎疫情之后的可持续消费趋势》。

汤森路透的 ESG 评级也会在企业自主披露的信息外，辅以调研数据作为信息补充，但对监管部门的信息应用相对较少。同时，其引入了减分项设置，通过负面新闻抓取，对企业在反垄断、商业道德、知识产权、税收欺诈、雇佣童工等 23 项指标进行评估和相应扣分。

MSCI ESG 评级三大类数据来源中，企业披露也只是来源之一，另外两个主要数据来源包括 100 多家专业化的数据集，如专业的监管、政府、学术和非政府组织数据集，以及超过 3400 个全球和本地新闻信息源，如图 10-1 所示。

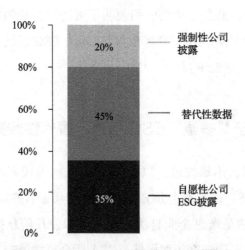

图 10-1　MSCI ESG 评级模型的数据构成

来自 MSCI ACWI 指数中 2434 个成分股，截至 2017 年 11 月 30 日。
数据来源：MSCI ESG 研究部。

可见，几乎所有的国际评级机构都在寻求 ESG 替代性数据，以减少对公司披露的依赖。数字化技术则使这一切成为现实，"大数据"的应用使替代性信息来源的 ESG 信息以远远超过公司自愿披露的速度在扩展。

而把握住了这一风向的，除了评级机构还有专门的 ESG 数据提供商。

由于国际上尚未建立 ESG 评级的统一标准或行业准则，评级机构的评价方法、ESG 因子和覆盖范围等各有差异，同一企业的 ESG 评级得分很可能差别极大。因此机构投资者、资产管理公司等也在评级机构之外，将 ESG 数据提供商的信息作为市场 ESG 信息的重要参考和补充来源。例如，知名的全球金融市场数据信息及基础设施提供商路孚特（Refinitiv），除了为企业提供 ESG 数据管理维护外，也为全球 10000 多家企业计算 ESG 评分。相关 ESG 原始数据和评分计算结果被纳入主流评级系统，亦被机构投资者、资产管理公司等用作参考。

根据可持续发展评级全球倡议的一项数据，截至 2016 年，全球已有超过 125 家 ESG 数据提供商 [1]。这一数据在近年早已成倍数增长，仅在中国市场，ESG 数据提供商的发展已是雨后春笋般的势头，平安 OneConnect、秩鼎 Quant Data、万得 Wind、社会价值投资联盟 CASVI 等都是本土大军中的一员。可以预见，伴随着中国 ESG 市场的进一步发展和国内外投资者源源不断的 ESG 信息需求，ESG 数据提供商也会迎来新一轮发展，而被这些专业数据提供商收集并用以分析的 ESG 信息，远远超过了 ESG 报告所能承载的范围。

毋庸置疑，无论是评级机构还是数据提供商，都在加速 ESG 信息"多源"生态的形成，这种"多源"显然更有利于信息使用者多维度、多视角验证企业 ESG 信息的质量。这就为企业提出了更迫切的问题，怎样才能有力增强企业 ESG 信息的透明度，避免从自愿和主动走向被动？

构建披露矩阵，应以多元化方式提供 ESG 信息

市场正在寻求 ESG 报告之外的补充信息，以更加科学的做出资讯判断和投资决策。企业创建有效的 ESG 披露矩阵则是正当其时，亦是明智选择。除去 ESG 报告、年报、环境报告等监管要求和自愿报告外，企业应建立多层次、多元化的 ESG 信息披露形式，形成有效信息披露矩阵，增强自身的 ESG 信息透明度，如表 10-1 所示。

---

[1]　来源于 State Street Global Advisors 的报告 *The ESG Data Challenge*。

表 10-1　ESG 信息披露矩阵

披露内容	披露渠道	披露频率
ESG实践 ESG政策	·官方网站 ·新闻媒体 ·股东公告	·实时
ESG合规情况 ESG重点议题	·评级机构ESG信息申报 ·投资者问答/电话会议 ·媒体沟通会 ·路演	·月度/季度
ESG实践 ESG绩效 ESG政策 ESG重点议题	·ESG报告 ·年报/半年报 ·环境、员工等专项报告	·年度/半年度
ESG课题研究 ESG/可持续发展战略	·ESG专项议题报告 ·ESG课题研究 ·ESG/可持续发展战略 ·参与倡议 ·行业发声	·3～5年度

例如，以公司网站、新闻媒体等发布实施多样化 ESG 实践和活动信息，包括视频等更动态的内容，以弥补定期发布的实时性不足。又如，为投资者开发以 ESG 为重点的专门性演示，通过路演、股东公告、季度投资者电话会等，在传统的投资者沟通中纳入 ESG 信息，拓宽披露渠道。此外，还可以就特定战略议题发布专项报告，如生物多样性报告、气候行动报告等，以多样化的、适应不同信息属性的自主性披露，提升企业 ESG 信息披露的质量。

尤其值得注意的是，如上所述，企业 ESG 信息的透明度不光取决于自愿性披露，第三方机构等外部利益相关方提供的信息亦产生重大影响，而这一点往往被企业忽略。因而，建议企业参与 ESG 或可持续发展领域的国内外倡议，借用行业或领域内权威平台进行专业发声等，这不仅为使用者提供多维度 ESG 信息，相关方"背书"还有利于增强企业 ESG 信息效力。

ESG 信息披露应立足报告而又超越 ESG 报告，实现公司实时披露和定期披露相补充，短期披露和长期披露相连接，专项披露和综合披露相呼应，主观披露和利益相关方"背书"的客观披露相结合，以更精准、更有效的方式向投资者传递有价值的 ESG 信息。

厘定 ESG 信息边界

哪些是所谓的 ESG 信息？ ESG 信息可能或应该包括哪些内容和细节？针对这些问题，至今仍存在着广泛的讨论，其边界始终缺乏一个明确的限定。美国证券交易委员会（SEC）有观点认为，其中困难一方面在于，环境、社会、公司治理信息非常广泛，它以一些共通的方式触及了每家企业；另一方面，各企业的 ESG 信息又相当具体，不同主体面临的 ESG 问题可能因所在行业、地理位置等要素产生很大差异。因此，没有任何一个明确的界定，也不存在任何一组指标能够全面、准确地涵盖所有企业的 ESG 信息。诚然，不同企业的 ESG 信息差异客观存在，ESG 外部环境与形势也在迅速变化，这使得 ESG 信息的边界和范畴似乎难以把握，再去讨论边界是否还有必要，其边界真的无迹可寻吗？

⇛ 缘何重要：厘定信息边界才能确立披露边界

ESG 信息边界的不确定，为企业带来的问题是现实性的。采用哪些 ESG 信息及以何种方式将其内容和细节传递出来？如若以 ESG 报告编制为披露载体，如何给报告设定边界，又该将哪些业务、议题、数据集成到 ESG 报告中，都是企业 ESG 信息披露面临的直接挑战。

投资者亦遭遇困境，面对广泛的 ESG 信息，该如何定义从污染排放水平到生物多样性、从劳工实践到性别平等、从供应链政策到董事会多元化等不同的 ESG 数据点，从而进行企业 ESG 因子筛选，并综合评估一家企业的可持续发展能力。

这些操作问题的产生，亟须回到源头，去厘定 ESG 信息边界，以帮助企业确定适合自身实际的 ESG 信息披露界限，也使投资者可以更全面地了解公司 ESG 信息的覆盖范围和应用局限。

◈ 拨开迷雾：层层认知 ESG 信息边界

关于 ESG 信息的讨论中，部分观点认为与企业运营管理的一切环境、社会、公司治理信息相关的内容都称之为 ESG 信息，也有观点坚持只有能够帮助股东利益最大化、帮助投资者赚钱的非财务指标才值得披露和关注。前者呈现出泛化论的趋势，后者则是窄化论的取向。

其实 ESG 信息披露的 3 个层次，即合规披露、重点议题披露及战略性披露，已经为我们厘清边界问题提供了一种清晰、简明的视角。

合规披露是"必答题"

合规披露，字面理解就是"合乎规矩"的披露，意味着 ESG 信息披露遵守了一定的规则，这些规则具体包含两个方面。

国家颁布的相关法律法规、政策，如 2021 年 5 月 24 日，国务院生态环境部印发《环境信息依法披露制度改革方案》，上市公司、发债企业信息披露等有关格式文件修订将于 2022 年年内完成，上市公司即将依法强制披露企业的环境信息。

监管部门制定的规范、指引文件，如上交所《上市公司环境信息披露指引》、港交所《环境、社会及管治报告指引》、伦敦证券交易所《ESG 报告指南》等国内外交易所指引文件，以及行业指引和准则，如生态环境部、国家发改委、中国人民银行、中国银保监会、中国证监会共同印发的银行金融业《关于促进应对气候变化投融资的指导意见》等。

合规披露是当前国内大多企业所认知的 ESG 信息边界。随着 ESG 在资本市场逐渐主流化，基于规则和指引披露的 ESG 信息已成为关键利益相关方对企业 ESG 信息披露的常规要求，合规披露已成为企业的"必答题"。

重点议题披露是"应答项"

重点议题披露，是企业对自身 ESG 重要信息进行识别和判断，以主题、议题的形式开展披露。其侧重点是回应资本市场的关注，呈现企业对 ESG 重点风险与机遇的管理。据金蜜蜂的一项研究，面对当前全球面临的气候变化、新冠肺炎疫情和生物多样性丧失三大危机，企业 2020 年对"生物多样性"议题的认知大幅提升，表现为越来越多的企业开始披露"减少运营对生物多样性影响的举措""生态保护资金""生态系统保护制度""倡导公众保护生态系统"等生物多样性管理和实践信息，尤其是对生物多样性有显著影响的采掘行业，披露该议题信息的企业数量已连续 3 年位列建筑、运输、制造等 13 个行业之首。

不难发现，这也是大多数企业开展 ESG 信息披露的共同趋向。现实问题在于，企业该如何界定自身的重点 ESG 议题？

交易所层面如港交所在 2020 年最新修订的《环境、社会与管治报告指引》中，进一步明确了上市公司在披露 ESG 绩效和报告准备中的重要性汇报原则，建议根据行业特色、企业特性及利益相关方期望，有效识别企业的可持续发展议题，并对不同行业的企业提供了 ESG 重要性列表参考，如表 10-2 所示。

评级机构层面如 MSCI 在其 ESG 评级设置了 37 项 ESG 关键议题，涉及污染和排放、水资源压力、人力资本、数据安全、商业伦理等，并针对不同行业的关键议题进行权重设置和评估打分；再如富时罗素在其 ESG 评级中，根据行业与地理位置判断不同议题、指标对不同企业类型的适用性，进而从 14 个主题、超过 300 个 ESG 评分指标选择适用于相应行业的主题进行评级。

国际披露框架层面如 SASB 准则确定了与 77 个行业的财务绩效息息相关的环境、社会和公司治理关键议题，并提出 ESG 信息披露的参考框架，旨在帮助企业向投资者披露具有财务重要性的可持续性信息。

表 10-2　港交所重要性列表（以行业及层面分类）

	非必需性消费	必需性消费	医疗保健类	能源业	金融业	工业	资讯科技业	原材料业	地产建筑业	电讯业	公用事业
A1排放物	○	●	○	●		○	○	●	○	○	●
A2资源使用	●	●	○	●		○	●	●	●	●	●
A3环境及天然资源	○	○	○	●		●		●	●		●
A4气候变化	○	○	○	●	○	○	○	●	●	○	●
B1雇用	○	○	○	○	○	○	○	○	○	○	○
B2健康与安全		○	○	○		●		●	●		●
B3发展及培训			●	●	○			●			
B4劳工准则	●		○	○		●	○	●	○	○	○
B5供应链管理		●	○	○	○	●	○	○	○	●	●
B6产品责任		●	●	○	●		●		●	●	○
B7反贪污	○	●	●	○	●	○		○	○		○
B8社区投资		○	○	●	●		○		○		●

● 对行业内的发行人非常有可能产生重大影响

○ 对行业内的发行人有可能产生重大影响

　　这些机构早已为不同区域、不同行业的企业 ESG 议题识别和披露提供了参考和建议。可以说，重点议题披露是企业积极响应资本市场关注，进而细化 ESG 信息披露的过程。这一过程能够有效促进企业 ESG 信息披露与投资者信息需求匹配的精准性，已成为企业共同性、常态化的选择。

战略性披露是"附加题"

　　出于风险和机遇的长远考量，部分企业已开始将目光投向 ESG 战略性披露。战略性披露是企业基于对 ESG 长期趋势的分析和把握，将 ESG 融入战略并进行前瞻性、战略性信息披露。它往往与企业责任竞争力的形成密切相关，其中原因不言自明——ESG 表现优异的企业往往能够从长期趋势的分析中，预先识别潜在的风险挑战与商业机遇，如气候变化带来的风险和潜在机遇、新出台法规带来的影响等，进而形成判断和决策，做出更符合可持续发展的商业行动。

　　2020 年开始，"碳"无疑成为国内资本市场最具热度的关键词。中国碳达峰、碳中和目标的提出，标志中国正式进入了一个全新的碳约束时代。这使得低碳转型相关议题给企业带来的风险和潜在机遇变得"可见"，企业在温室气体排放、碳减排、碳清除等技术开发、碳足迹管理等方面的表现，将逐渐成为影响企业生存和发展的重要因素，相关信息会被更多的 ESG 策略投资者所关注，直接影响企业在资本市场的融资能力。

　　领先型企业已经洞察变化，率先开展 ESG 战略性披露。例如，腾讯公司在 2021 年 1 月正式宣布启动碳中和规划，首度公开披露腾讯碳中和全景图；高瓴资本发布首份碳中和报告《迈向"碳中和 2060"迎接低碳发展新机遇》；蚂蚁集团正式公布《蚂蚁集团碳中和路线图》等。企业逐渐通过向公众披露气候承诺和减排战略、气候变化专项披露、参与国际倡议等信息，充分展示其在碳减排和气候行动领域的领导力，从而增强投资者的信心和可信度，使企业获得更大竞争优势。

　　可见，ESG 战略性披露实质上是企业在应对复杂外部环境和重大风险敞口时的判断能力、决策能力、适应能力和创新发展能力的彰显，这都是企业长期稳健经营和可持续发展不可或缺的要素。由此也不难理解，ESG 战略性信息为何越来越受投资者关注。

⠿ 把握变化：ESG 信息披露的"向上"流动

现在我们可以回答本节最初的提问，ESG 信息边界并不是模糊不清的，恰恰相反，合规披露、重点议题披露、战略性披露构成了 ESG 信息的清晰披露层次和相对稳定的结构：合规披露是 ESG 信息的基础层，亦是不同行业、不同地域企业 ESG 的共通信息；重点议题披露是 ESG 信息的中坚层，显示了在资本市场投资者关注下，企业对于重点风险和机遇的认知，正是这些重点议题构成了各行业、各企业之间差异化、特色化的 ESG 信息；战略性披露是 ESG 信息的最上层，展示了企业面向未来的可持续发展能力和 ESG 竞争力。

随着 ESG 政策的不断完善、ESG 投资的逐渐成熟及上市公司 ESG 管理能力的日渐提升，ESG 信息披露正呈现"向上"流动趋势，合规披露在企业 ESG 信息中的比重逐步下降，越来越多的 ESG 议题及其隐含的商业风险与机遇将被企业识别并加以管理，重点议题披露和战略性披露比重持续上升，从长远来看，3 个层次的 ESG 信息将不断向"倒金字塔"形的披露结构发展，如图 10-2 所示。

图 10-2 ESG 信息披露的流动趋势

与气候变化相关的披露就是一个很好的例子。多年来，与气候变化相关的风险是无形的，有关气候变化相关的内容也被简单归类为"非财务"信息，相关披露最初鲜少明确出现在 ESG 法规、指引等的强制性披露要求中。随着形势变化，与气候、环境、资源相关的风险从无形变为可见，并从财务上变得清晰，气候变化问题已受到了各级政府、监管机构、投资者等的全面关注，成为当前刺激 ESG 投资的主要推动力之一，相关议题亦成为资本市场最具热度的 ESG 战略性信息。

⁙ 确立边界：从了解趋势到建立优势

至此，ESG 信息的边界已经有了一个清晰呈现。解决了 ESG 信息的边界问题，企业才可能更准确、更灵活地掌握信息披露的层次和重点。金蜜蜂建议，企业应尽早顺应 ESG 信息披露的"向上"流动趋势，以合规披露为基础，加强重点议题披露，转向战略性披露，以在信息披露层面帮助自身建立 ESG 领先优势。

具体而言，合规披露仍然是 ESG 信息的基础，企业要依据法律法规和监管要求，高质量开展基准 ESG 信息披露，确保 ESG 信息披露及时、准确、完整。

但停留于此还远远不够。企业还需强化重要性或实质性分析，公开在 ESG 方面可能造成重大影响的风险因素及企业将如何按照相关准则或规范管控这些风险，以重点议题式披露有针对性地回应投资者和更多利益相关方的关注。

对于引领性企业，还需更主动、更敏锐地捕捉 ESG 环境变动，从动态变化中进行信息预判，识别 ESG 未来风险和商业机遇，并领先开展战略性披露，为市场提供适用于投资决策的有价值的信息，亦为行业或相关领域的可持续发展问题创造能见度并推动形成 ESG 良好生态。

我们有理由相信，率先迈向 ESG 重点议题披露和战略性披露的企业，将会从其充分、及时、清晰的信息披露和 ESG 竞争力的展现中受益，获得更多投资者的青睐与追逐。

实现高质量编制 ESG 报告的关键点

随着监管机构对上市公司 ESG 信息披露的监管力度逐步加强，作为 ESG 信息披露的重要载体和相关方获取信息的重要来源，ESG 报告也越来越受到上市公司的关注和重视。

那么如何编制一份 ESG 报告呢？当前对于 ESG 报告编制并没有统一的标准框架，证监会和上海、深圳、香港等交易所各自从披露原则、披露信息等方面给出了强制性要求或建议。其中，港交所 2020 年发布的《如何编制环境、社会及管治报告——环境、社会及管治汇报指南》中给出了一般性步骤和程序：董事会与 ESG 工作小组，了解《环境、社会及管治报告指引》（以下简称《ESG 指引》）的规定，汇报范围，重要性评估，订立目标，撰写 ESG 报告六步。但其在《ESG 指引》中也说明，发行人各有独特之处，应根据自身情况制定自己适用的环境、社会及管治汇报步骤及程序。

不论是完全参照港交所的汇报指南还是上市公司基于过往编制 CSR 报告的经验，上市公司均可以完成一份 ESG 报告编制。但或许还可以遵循经典的 PDCA 质量管理方法来编制一份高质量的 ESG 报告，从而通过 ESG 信息披露促进上市公司 ESG 管理能力的有效提升。

⁝⁝⁝ 第一步——计划（Plan）：明确以什么样资源投入达成什么样的报告披露效果

上市公司在编制 ESG 报告之初，应首先明确自身希望达成的最终披露效果：是满足监管部门最低合规要求即可，还是需要在资本市场乃至全社会获得更广泛的认可？是与年报合并发布，还是作为一本图文并茂、兼具传播属性的报告单独发布？

对报告产出形成清晰明确的预期和要求后，下一步是配置资金和时间资源，组建报告编制工作小组，从而形成一份完整具体的报告编制推进计划，确保报告按时按质完成。ESG 报告涉及环境、社会和公司治理各项内容，从环境范畴的气候变化、能源消耗、废弃物管理，到社会范畴的雇用管理、产品责任、供应链管理、社区投资，再到董事会运作等公司治理事宜，几乎覆盖公司运营管理的方方面面。工作小组的组建中需重点考虑以下两个方面。

● 高层参与：工作小组应包含熟悉公司整体运营的公司高层，一方面能够有针对性地协调其他部门的资源，获得各类支持；另一方面在一定程度上有决策权。工作小组也应可向董事会汇报，具有董事会指派的权力。

● 部门协同：工作小组成员应包括但不限于环境管理部门、安全生产部门、客户服务部门、产品质量部门、供应链管理部门、人力资源部门、董事会办公室，以及重点业务部门负责人 / 成员。

另外，在报告编制的某些环节，也可以引入外部利益相关方，获取其专业意见和支持。

第二步——实施（Do）：把控关键节点和重要原则，完成报告撰写

在报告编制工作过程中，需重点关注以下几个环节。

界定报告范围

报告范围包括上市公司披露 ESG 信息的议题范围和实体范围。

对于报告实体范围，港交所给出了几种参考：部分发行人可能使用年报的范围，部分可能使用财务门槛（如包括占发行人集团总收入某个百分比或以上的附属公司或业务）或风险水平（如包括一些非发行人集团主要业务但超出某个风险水平的业务）。上市公司可以基于业务和经营现状进行选择并

在报告中予以说明。

对于报告议题范围，可参考以下几种方法进行综合性的分析：一是依据监管部门出台的《ESG 指引》；二是国际机构发布的全球通行指南；三是关注第三方 ESG 评级机构的方法学；四是同业对标，特别是学习参考那些被纳入 ESG、可持续发展相关指数的企业的报告。

识别重要议题

在完成报告议题基础性分析之后，还需要进行实质性议题的分析，更为精准地确定报告需要重点详细披露的 ESG 议题。实质性评估是国际可持续发展领域对于非财务信息披露的通行原则，也是编制高质量 ESG 报告的关键原则之一。

所谓实质性议题，是指反映企业在创造价值的过程中对经济、环境和社会具有重大影响，或实质上影响利益相关方评价和决策的议题。企业应对基于行业、业务所在地，以及其他政策、社会和环境等因素明确哪些是报告应披露的重要内容。

实质性评估包含内部实质性评估和外部实质性评估两个维度，最终结果一般以实质性矩阵的形式呈现。内部实质性评估应由对企业架构、业务及运营有较深入认识的中高层管理人员进行，考量议题对于公司业务发展的影响；外部实质性评估群体可包括投资者、客户、供应商、政府、社区、专家等，考量议题对于这些相关方的影响。具体的评估方法包括问卷调查、访谈等方式。其结果一般以议题矩阵图的形式呈现。

由图 10-3 可知，以港交所 ESG 实质性（重要性）议题判定为例，对于处于象限 I 的议题从内外评估结果来看均处于极其重要的位置，以及只处于其中一条轴线的高位但在另一条轴线处于低位的议题项目（象限 II 及象限 IV），均可视为重要披露项。而对于处于象限 III 的议题，企业可以选择继续披露，或者不披露并解释原因（说明其进行实质性评估的程序及结果）。

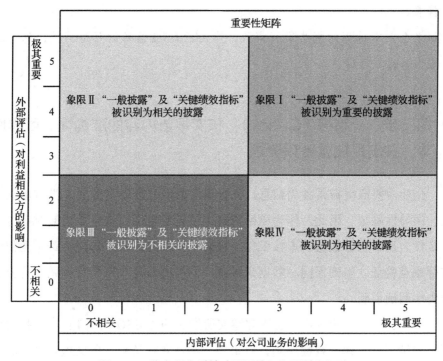

图 10-3　港交所实质性（重要性）议题判定矩阵

收集 ESG 报告数据

相比 CSR 报告，ESG 报告更关注企业对定量信息的披露。因而构建职责明确、覆盖完整的 ESG 定量数据收集工具是 ESG 报告编制的重要基础。科学系统的 ESG 报告指标体系，不仅可以为报告提供稳定可靠的信息来源，以可视化的数字提高内容可信度，也可作为 ESG 管理的抓手，通过指标的长期跟踪和对比，推动定量化的目标管理；同时，基于信息披露的指标体系的构建过程，一定程度上也是梳理公司内部 ESG 管理现状的过程，有助于界定各部门之间的管理边界，发现管理缺项，进一步完善 ESG 管理。

此外，在使用 ESG 报告指标体系过程中，还有以下两点需要注意。

● ESG 指标所涉及的信息，有可能会区别于公司的传统信息统计，因此有
必要开展内部培训，帮助各个部门对接人理解 ESG 报告及其相关的信息

需求。

● 如果企业有计划对报告进行审验，应注意 ESG 信息的可追溯性，保留过
程性信息。

⁂ 第三步——审核（Check）：核实报告内容的准确性、可靠性等，并满足披露各项要求

　　企业需要审慎披露各类信息，保证信息真实、准确、完整、没有虚假记载、误导性陈述。因此，作为原始资料提供者各个部门也应承担起对报告中的定性表达、定量数据的审核工作。报告工作小组应对跨部门、跨年度数据进行重点验证，以确保同一数据采用统一的披露口径。口径若有调整需要在报告中明确说明。

　　对于在港上市的企业，应遵守港交所发布的《ESG 指引》：应用报告编制重要性、量化和一致性原则，就每项"不遵守就解释"条文进行披露和说明等（见表 10-3）。这些要求"强制披露"的事项，报告编制工作小组均应逐一核实。

表 10-3 "不遵守就解释"条文说明

遵守	
即按照《ESG 指引》要求披露相关信息	
解释	
即对于未披露项，须做出解释说明为何不披露。不披露的理由有如下几种：	
不重要	解释发行人何以认为有关资料不重要（比如说明实质性评估程序及结果）
保密限制	陈述禁止披露有关资料的特定保密限制
特定的法律禁止事项	陈述特定的法律禁止事项
没有相关资料	陈述为取得有关资料而采取的具体行动，以及有关的时间表

❖ 第四步——改进（Action）：将 ESG 报告作为企业改进 ESG 管理的起点而非终点

企业发布 ESG 报告之后，很有可能面临资本市场问询和第三方 ESG 评级。问询中提到的问题、ESG 评级中的弱项指标，以及在报告编制过程中发现的管理漏洞，都应当成为下一年度 ESG 工作关注的重点和改进方向，实现报告工作由文字加工、编辑向真正的 ESG 管理转变。

期间，董事会监管贯彻报告编制始终。

由于企业面临的 ESG 风险较为复杂，且对公司长远发展有着重要影响，港交所在《ESG 指引》中明确指出：董事会尤其应就发行人的环境、社会及管治事宜及策略方向进行监督及承担整体责任，包括以下几点。

● 评估及厘定发行人的环境、社会及管治相关风险及机遇。

● 确保设有适当和有效的环境、社会及管治风险管理及内部监控系统。

● 制定发行人的环境、社会及管治管理方针、策略、优次及目标。

● 就环境、社会及管治相关目标定期检讨发行人的表现。

● 审批发行人环境、社会及管治报告内的披露资料。

港交所更进一步提出董事会 ESG 监管的 7 个步骤，包括 ESG 管治架构搭建、ESG 重大风险和实质性议题评估、ESG 管理策略及目标制定、ESG 报告审核和持续改进等，贯穿 ESG 报告编制全过程。

ESG 报告编制是企业管理的一个新兴课题，遵循企业管理的经典方法论，参照上述步骤，把握重点工作，编制一份高质量的 ESG 报告并非难事。

参考文献

［1］21 财经. MSCI 发布气候变化指数详解，剑指低碳转型的投资机会［EB/OL］. 2020-8-19.

［2］SMDC 科创数据. 2021 科创板全景扫描：八大指标透视"硬科技"［EB/OL］. 2021-7-21.

［3］董一凡. 专家视点：欧盟气候能源政策"加码"影响深远［R］. 北京：中国石油新闻中心，2021.

［4］董钺，张笑寒，赵文博. 解读欧盟碳边境调节机制［R］. 北京：能源基金会，2021.

［5］段茂盛，李莉娜，陶玉洁. 欧盟碳边境调节机制：浅析欧盟委员会的立法提案及其对中国的潜在影响［R］. 广州：南方能源观察，2021.

［6］国务院国资委，中国社科院. 中央企业海外社会责任蓝皮书（2020）［R］. 北京：中国社会责任百人论坛文库，2020.

［7］蒋大兴. 公司社会责任如何成为"有牙的老虎"——董事会社会责任委员会之设计［J］. 清华法学，2009（4）.

［8］金鑫，冯超. "漂绿"行为充斥可持续金融领域应加强信息披露［J］. 经济学人，2021（1）.

［9］李忆. 德国供应链新法将上路，环保与人权成企业自查硬指标［R］. 北京：财新网，2021.

［10］联合国环境规划署，金蜜蜂. 全球环境基金（GEF）建立和实施遗传资源及其相关传统知识获取与惠益分享的国家框架项目 生物遗传资源获取与惠益分享能力建设与意识提升企业培训［R］. 北京：金蜜

蜂，2020.

［11］刘孙芸. 我国对外直接投资的社会责任风险防范研究［J］. 现代商贸工业，2017（6）.

［12］伦敦证券交易所. ESG 报告指南［R］. 北京：中国证券投资基金业协会，2017.

［13］倪晓姗. 德国为何推进供应链立法［R］. 北京：第一财经，2021.

［14］钱龙海. ESG 中"G"的定位与难题——由 PG&E 申请破产引发的思考［R］. 北京：首都经济贸易大学中国 ESG 研究院，2020.

［15］时娜. 深交所出台服务国企改革专项工作方案 打造深化国资改革前沿平台和"新高地"［R］. 上海：上海证券报，2021.

［16］史蒂文·沃克，杰弗里·马尔. 利益相关者权力［M］. 赵宝华，刘彦平，译. 北京：经济管理出版社，2003.

［17］史欣悦，杨琦. 气候合规：欧盟反漂绿立法及投资实务中的漂绿应对［R］. 北京：君合律师事务所，2021.

［18］孙华秋，陈佳鑫. 2021 年上市公司 ESG 和高质量发展报告［R］. 北京：时代商学院，2021.

［19］腾讯网. 中国宣布设立 15 亿元生物多样性基金，促进经济发展和环境保护双赢［EB/OL］. 2021-10-14.

［20］田丹宇. 欧洲应对气候变化立法进展及启示［R］. 北京：中国环境报，2021.

［21］吴渊. 所有金融产品必须强制披露！欧洲 ESG 投资新披露标准面临推迟｜ESG- 环球［R］. 北京：金融界上市公司研究院，2021.

［22］夏炎，等. "一带一路"倡议助推沿线国家和地区绿色发展［J］. 中国科学院院刊，2021（6）.

［23］新华社. 习近平在《生物多样性公约》第十五次缔约方大会领导人峰会上的主旨讲话（全文）［EB/OL］. 2021-10-12.

［24］新浪财经. 穆迪 ESG 解决方案事业部：超过三分之一的公司与栖息地丧失有关［EB/OL］. 2021-5-31.

［25］叶建木.“一带一路”背景下中国企业海外投资风险传导及控制——以中国铁建沙特轻轨项目为例［J］.财会月刊，2017（33）.

［26］茵创国际.德国《供应链法》即将出台，对中国企业有何影响？［R］.上海：欧洲并购与投资，2021.

［27］殷格非，于志宏，管竹笋.金蜜蜂中国企业社会责任报告研究（2021）［M］.北京：社会科学文献出版社，2021.

［28］于志宏.中资企业海外社会责任应重视的几个问题［J］.WTO 经济导刊，2016（8）.

［29］张忆东，张勋.站在全球 ESG 最前沿——兴证策略·ESG 研究（欧盟篇）［R］.上海：慧博投研资讯，2021.

［30］张蕴，张景阳.为世界防治荒漠化开出“中国良方”［N］.科技日报，2020-6-18（3）.

［31］中国广核集团.中国广核集团 2021 生物多样性保护报告［R］.北京：中国广核集团，2021.

［32］周·知.棉花背后的大风暴：欧盟将出台“供应链法”［R］.北京：瑞典中国商会，2021.

［33］周艾琳.金融支持生物多样性，“大自然的恩惠”应成为新的资产类别［R］.北京：第一财经，2021.

［34］CSR HUB Consensus ESG Ratings. GRI Reporting's Impacton ESG Ratings［EB/OL］. 2018-12-3.

［35］Berg F，Klbel J F，Rigobon R. Aggregate Confusion：The Divergence of ESG Ratings［J］. Social Science Electronic Publishing，2019（1）.

［36］Blackrock. 2020 Global Sustainable Investing Survey［EB/OL］. 2020.

［37］Cauley，Hank. Biodiversity and Business：4 Things You Need to Know for 2020［R］. Oakland：Greenbiz，2020.

［38］Davis，Emma，et al. New EU Sustainable Finance Rules：“Blunt Instrument not Silver Bullet”［R］. Beijing：China Dialogue，2021.

［39］Demertzis，Maria，et al. How can Europe Become Carbon Neutral? A

Kind of Advice [R]. Brussels: Bruegel, 2021.

[40] Filbeck A, Filbeck G, Zhao X. Performance Assessment of Firms Following Sustainalytics ESG Principles [J]. The Journal of Investing, 2019, 28 (2).

[41] Fisher V E, Mahoney L S, Scazzero J A. An International Comparison of Corporate Social Responsibility [J]. Issues in Social and Environmental Accounting, 2016, 10 (1).

[42] Ga-Young Jang, Hyoung-Goo Kang, et al. ESG Scores and the Credit Market [J]. Sustainability, 2020, 12 (8).

[43] Gregor Dorfleitne, Christian Kreuzer, Christian Sparrer. ESG Controversies and Controversial ESG : About Silent Saints and Small Sinners [J]. Journal of Asset Management, 2020, 21 (1).

[44] Guido Giese, Linda-Eling Lee, Dimitris Melas, et al. Foundations of ESG Investing : How ESG Affects Equity Valuation, Risk, and Performance [J]. The Journal of Portfolio Management, 2019, 45 (5).

[45] Ngoc-diep Ly. Corporate Sustainability Performance Measurement-Suggestions for Quantitative Research [J]. New Zealand Journal of Business & Technology, 2021 (3).

[46] Sandbag. CBAM Carbon Levy will Only Hit a Fraction of Chinese Exports to EU [M]. Beijing: China Dialogue, 2021.

[47] Thorne L, Mahoney L S, Gregory K, et al. A Comparison of Canadian and U.S. CSR Strategic Alliances, CSR Reporting and CSR Performance: Insights into Implicit-Explicit CSR [J]. Journal of Business Ethics, 2017, 143 (1).

[48] Xiang Deng, Xiang Cheng. Can ESG Indices Improve the Enterprises Stock Market Performance? —— An Empirical Study from China [J]. Sustainability, 2019, 11 (17).